十三五"高职高专出版创新规划教材
家新闻出版广播影视重大项目子项目教材

Photoshop CC
项目化教程

主　编　王惠荣　易　健　朱巍峰
副主编　刘邵宏　甘　娜　贺桂娇

U0342412

广东高等教育出版社
Guangdong Higher Education Press

·广州·

图书在版编目（CIP）数据

Photoshop CC 项目化教程 / 王惠荣，易健，朱巍峰主编 . —广州：
广东高等教育出版社，2017.6

（互联网 + 出版创新教材系列 / 总策划：柯积荣）

ISBN 978 - 7 - 5361 -5889- 4

Ⅰ . ① P⋯　Ⅱ . ①王⋯　②易⋯　③朱⋯　Ⅲ . ①图像处理软件 –
高等职业教育 – 教材　Ⅳ . ① TP391.413

中国版本图书馆 CIP 数据核字（2017）第 076875 号

Photoshop CC Xiangmuhua Jiaocheng

广东高等教育出版社出版发行
地址：广州市天河区林和西横路
邮编：510500　电话：（020）87551597
网址：www.gdgjs.com.cn（官网）
www.heduc.com（好的课）
广州市穗彩印务有限公司印刷
787 毫米 ×1 092 毫米　16 开本　18.25 印张　424 千字
2017 年 6 月第 1 版　　2017 年 6 月第 1 次印刷
定价：42.00 元

"十三五"高职高专出版创新规划教材
国家新闻出版广播影视重大项目子项目教材

Photoshop CC 项目化教程

本书编委会

主　编　王惠荣　易　健　朱巍峰
副主编　刘邵宏　甘　娜　贺桂娇
参　编　郑丽娜　卢沛刁　黄　裕　杨建强　姜晓梅
　　　　麦雅因　柯积任　霍仙丽　黄欣欣

主　审　申时全

"十三五"高职高专出版创新规划教材（计算机系列）
编委会

主　任　李　洛
副主任　余明辉　王惠荣　邱炳成

主　审　申时全

出 版 说 明

　　本书是一本"二维码书"。书中印刷了数十个二维码，分布在书中各个章节，读者可以通过用手机扫描这些二维码，直达观看或收听其相应的视频或音频等形式的数字化教学资源，增加对书本内容的理解，体验纸电融合、线上线下联通的学习情景；在课堂上，教师亦可以通过播放这些数字化教学资源，从而加强教学的互动性，增强趣味性，提高教学效果，同时，还能有效地减轻教师的备课压力。

　　本书是一本"互联网＋"教材，是传统教材的出版创新。书中所配的所有数字化教学资源均存放在互联网"好的课"平台（www.heduc.com）上，通过二维码与纸质教材关联，打通数字化教学资源配送的"最后一公里"，方便读者学习。

　　作为出版创新之作，本书被纳入国家新闻出版广播影视重大项目（项目编号：XW20160660）的子项目，期待本书受到广大的读者、学生和教师的喜爱。

　　本书承蒙广东开放大学计算机系原主任申时全教授作序，在此深表感谢！

　　★特别说明：本书用到的素材图像请从网站"好的课"（www.heduc.com）的"学习资源"栏目下载，具体操作如下：进入"好的课"网，点击进入"学习资源"页面，在下方搜索"Photoshop CC 项目化教程资源"，找到后下载即可。

序

　　随着互联网技术和我国经济的不断发展，图像处理技术的研究和应用越来越深入和广泛。在图形图像技术应用中，Photoshop 是一个非常流行的、功能强大的图形编辑软件，被应用到很多行业，比如平面设计、广告摄影、影像创意、图形处理、网站设计、绘制插图、婚纱影楼、艺术字体等，因此，职业院校相关专业都开设了这个课程。在实际教学过程中，很多功能和工具教学过程比较枯燥，所以入门容易，掌握和精通比较困难。针对这一问题，结合现代职业教育的转型需求和信息技术的发展。采用创新模式开发一本能高效学习Photoshop 的教材是非常有必要的。

　　《Photoshop CC 项目化教程》是一本具有创新性特点的教材。作者在该教材开发上做了全新的变革，具有突出的特点：一是在课程内容体系上打破传统的学科知识体系，构建以典型工作任务形式的教学模式，采用项目化教学，并大量运用新颖实用的项目案例，将知识点融入其中，使学习者易于学习；二是所有项目案例均录制了教学视频，放置在互联网平台上，教学中可以随时打开观看，使得教学更直观且有效果；三是在教材的结构编排上，引入了创新的"互联网 +"形式重构职业教育教材，一批二维码印刷到书中不同位置，学习者通过手机扫描这些二维码，就能关联到教学视频，这种线上线下学习的融合，使得学习更有趣。教师可进行教学改革，课堂上可以采用先布置任务，学生观看视频，并进行互动教学，使课堂教学更有效果。

　　本教材由从事职业技术教育多年的一线教师开发，他们深谙职业教育教学的特点和学生的实际需求，将课堂的互动教学和学生的自主学习融为一体，力求做到理论和实际相结合，使学生在直观和快乐中进行学习。这种创新性的教材研发模式应成为今后实操性强的职业教育教材的改革途径。

　　是为序。

2017 年 5 月

前　　言

Photoshop 是目前世界上最流行的图形图像处理软件之一，不仅具有强大的图形图像设计功能，而且在图像润饰方面功能也非常强大。网页设计师、平面设计师、室内设计师、动漫设计师等在进行设计制作中离不开它，人们在进行照片处理时也经常使用它。

为了能够使读者快速地掌握 Photoshop 的知识点及实践应用，本书以市场对 Photoshop 的真正需求为核心，通过项目教学法的方式，在介绍 Photoshop 基本概念和基本操作的同时，均配以大量生动有趣且实用常见的案例。更重要的是本书提供了配套的视频教学，可通过强大的互联网交互学习平台进行同步观看，力求理论教学与实践应用相结合，帮助读者快速积累实战经验。

本书的主要特色体现在以下几个方面。

1.本书有配套的视频讲解，通过扫描二维码即可进入互联网交互学习平台进行观看，课堂教学中可随时让教师手把手指导学生学习。

2. 在内容全面的基础上力求突出重点。对于一些在实践应用中经常用到的工具、命令重点介绍，如画笔工具、图章工具、色彩调整命令、路径等，不但有比较详细的理论讲解，还有生动实用的案例说明。

3. 案例力求具有代表性且生动有趣。所有案例，不仅是对具有代表性的理论进一步的"解说"，同时务求做到实用、生动，具有吸引力。

4. 注重展示经验技巧。本书不是泛泛而谈基本知识点，更不是形式化地举几个例子进行说明，本书要告诉读者在设计实践中如何娴熟地使用 Photoshop，如何掌握技巧，进行完美的照片修改、色彩处理等。

本书共分为 10 章，第 1 章介绍关于 Photoshop CC 的基本知识，包括 Photoshop CC 的工作界面、图像大小、自定义工作环境、文件的基本操作及文件操作辅助工具等；第 2 章介绍选区的创建、编辑及基本的应用等；第 3 章讲解色彩基本知识、色彩模式和色彩的调整等内容；第 4 章全面系统地讲述图层面板的使用方法、图层混合模式及图层的作用和应用等；第 5 章介绍图像绘图工具的应用和图像的批处理方法等；第 6 章全面讲解 Photoshop CC 文字的输入方法、基本应用等；第 7 章主要介绍路径、形状的类型、功能及路径、形状与选区之间的转换等；第 8 章全面阐述通道和蒙版的应用；第 9 章介绍滤镜基本知识及滤镜特殊效果的表现技法等，以及建立、调整、管理通道和蒙版的方法与技巧等；第 10 章通过一些典型的综合实例，进一步针对性地讲解 Photoshop CC 的实践操作和具体运用。

本书亮点、创新点突出，通俗易懂，图文并茂，理论讲解与视频教学同步，比传统的教材更方便教与学。本书适合广大学生、设计师、印前专业人士、建筑师及 Photoshop 爱好者等学习及参考使用。

由于时间仓促，再加上作者水平有限，书中缺点和错漏之处在所难免，恳请广大读者批评指正。

作　者
2017 年 4 月

目　　录

二维码索引表

第 1 章

快速掌握 Photoshop CC

　　Photoshop 是最常用的平面设计软件之一，集图像处理、图形设计、网页设计及印前处理等为一体。随着数码相机的普及，越来越多的摄影爱好者开始使用 Photoshop 来修饰和处理照片，从而极大地扩展了 Photoshop 的应用领域和范围，使其成为一款大众性的软件。

　　本章将带领大家进入梦幻的 Photoshop 神秘世界，初步了解一下 Photoshop CC 的基本知识和基本操作，如 Photoshop 的工作界面、图像大小、分辨率、新建文件、更改图像大小、自定义工作环境等。

1.1　Photoshop CC 工作界面

　　根据 Photoshop CC 软件的安装说明安装好 Photoshop CC 后，即可运行。选择"开始"→"所有程序"→ Adobe Photoshop CC 命令，或双击桌面上的快捷图标，都可以进入 Photoshop CC 的工作界面，该界面一般包括标题栏、菜单栏、属性栏、工具箱、文档窗口、状态栏以及各类浮动面板等，以下将做具体介绍，如图 1-1 所示。

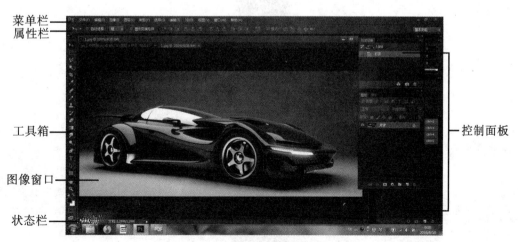

图 1-1　工作界面

1.1.1 菜单栏

利用 Photoshop 丰富的"菜单"命令，可以完成新建文件、保存文件、复制、粘贴、显示控制面板等基本操作，也可以进行图像大小、增加图层、删除图层等操作。

在 Photoshop CC 中，菜单栏中共有 11 个主菜单，单击每个菜单选项都会弹出其下拉菜单，在其中陈列着 Photoshop 的大部分命令选项，通过这些菜单几乎可以实现 Photoshop 的全部功能，如图 1-2 所示。在弹出的下拉菜单中，有些命令后面带有 ■ 符号，表示选择该命令后会弹出相应的子菜单命令，供用户做更详细的选择；有一些命令显示为灰色，表示该命令正处于不可选的状态，只有在满足一定条件之后才能使用。

Ps　文件(F)　编辑(E)　图像(I)　图层(L)　类型(Y)　选择(S)　滤镜(T)　3D(D)　视图(V)　窗口(W)　帮助(H)

图 1-2　菜单栏

1.1.2 属性栏

我们选择任意工具，就会出现相应的"工具"属性栏，如图 1-3 所示是选择"矩形选区"工具的属性栏；在属性栏中，用户可以根据需要设置工具箱中各种工具的属性，使工具在使用中变得更加灵活，有利于提高工作效率。

图 1-3　属性栏

1.1.3 工具箱

工具箱位于窗口的最左侧，它提供了 70 多种工具。利用这些工具，可以让用户选择、绘画、编辑或查看图像，还可以选取前景色和背景色、创建快速蒙版以及更改画面显示模式。大多数的工具都有相关的画笔和选项面板，可使用户限定该工具的绘画和编辑效果。如图 1-4 所示为 Photoshop CC 工具箱。

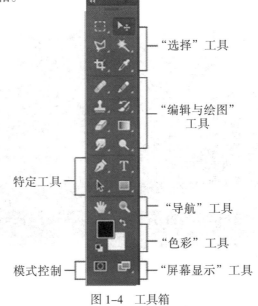

图 1-4　工具箱

在工具箱中可以看到，许多工具图标的右下角有一个黑色的小三角形，这表示该工具是一个工具组，尚有隐藏工具未显示，只需在该工具按钮处单击并按住鼠标左键不放或右击，稍后就会出现隐藏的工具，如图 1-5 所示。

图 1-5 显示隐藏工具

1.1.4 图像窗口

图像窗口也称为工作区，用来显示图像文件，便于用户进行编辑、浏览和描绘图像等操作。在标题栏上有文件名称、文件格式、显示比例和色彩模式等信息。图像窗口一般会显示正在处理的图像文件，如果准备切换图像窗口，可以选择相应的标题名称，在键盘上按下"Ctrl+Tab"快捷键可以按照顺序切换窗口，在键盘上按下"Ctrl+Shift+Tab"快捷键可以按照相反的顺序切换窗口。

1.1.5 状态栏

Photoshop CC 中的状态栏和以前版本有所不同，它位于打开图像文件窗口的最底部，用来显示当前操作的状态信息，例如图像的文件大小、文档尺寸等，单击状态栏中的"向右箭头"按钮，弹出快捷菜单命令，在弹出的菜单中可以设置 Adobe Drive、文档大小、文档配置文件、文档尺寸、测量比例等子命令，如图 1-6 所示。

图 1-6 状态栏

1.1.6 控制面板

控制面板也称为浮动面板，位于窗口的最右边，在默认的状态下，它都是以"面板组"的形式放置在界面上的，若要选择同一组中的其他面板，则用鼠标单击相应的面板标签即可，如图 1-7 所示。在编辑或进行平面设计的过程中，若觉得窗口中的面板位置不合适，可对其进行拖动。方法很简单，只要按住鼠标左键并拖动面板标题栏即可。另外，在工作窗口中，可通过按键盘上的 Tab 键来隐藏或显示工具箱和浮动面板。这样既可以节省空间，也便于用户在需要的时候进行随意的操作。

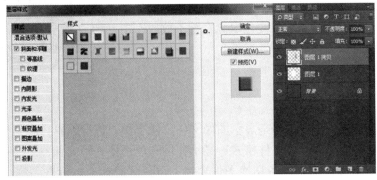

图 1-7 控制面板

1.2 图像处理基础知识

1.2.1 图像类型

计算机中显示的图形一般可以分为两大类：矢量图和位图。在 Photoshop 和 ImageReady 中，一般可以处理这两种类型的图形，在实际操作应用中，Photoshop 用于位图的情况比较多见，了解两类图形间的异同，对于创建、编辑和导入图片有很大帮助。

1. 矢量图

矢量图使用直线和曲线来描述图形，这些图形的元素是一些点、线、矩形、多边形、圆和弧线等，它们都是通过数学公式计算获得的。如图 1-8 是使用设计软件 CorelDRAW 所绘制的矢量图形和部分被放大了的效果（清晰度不受影响）。

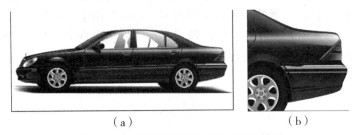

（a） （b）

图 1-8 矢量图形和部分被放大了的效果

由于矢量图形可通过公式计算获得，所以矢量图形文件一般较小。矢量图形最大的优点是无论放大、缩小或旋转等都不会失真，可采用高分辨率印刷；最大的缺点是难以表现色彩层次丰富的逼真图像效果。Illustrator、CorelDRAW 等是常见的矢量图形设计软件。

2. 位图

位图图像一般称为栅格图像。在处理位图图像时，所编辑的是像素，而不是对象或形状。位图图像是连续色调图像（如照片或数字绘画）最常用的电子媒介，因为它们可以表现阴影和颜色的丰富层次。它最大的优点是色彩比较丰富，过渡自然，所以常用于要求比较高的图形印刷。

屏幕上缩放位图图像时，可能会丢失细节，因为位图图像与分辨率有关，它们包含固定数量的像素，每个像素都分配有特定的位置和颜色值，分辨率越高图像越清晰，相应文件也越大，所占硬盘空间也越大，计算机处理起来速度也就越慢。

如果在打印位图图像时采用的分辨率过低，位图图像可能会呈锯齿状，因为此时增加了每个像素的大小。Photoshop 是具有代表性的位图图像设计软件，如图 1-9 是位图图像效果和部分被放大了的效果（放大后变得模糊，呈现锯齿状效果）。

 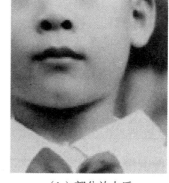

（a）放大前　　　　　　　　　　（b）部分放大后

图 1-9　位图图像和部分被放大了的效果

1.2.2　图像大小和分辨率

在对图像的质量有一定要求或对设计好的作品要打印输出等情况下，图像大小和分辨率就显得比较重要。图像以多大尺寸在屏幕上显示取决于多种因素，如图像的像素大小、显示器大小及显示器分辨率设置等。

1. 像素大小

位图图像在高度和宽度方向上的像素总量称为图像的像素大小。图像在屏幕上的显示尺寸由图像的像素尺寸和显示器的大小与设置决定。在制作用于联机分发的图像时，根据像素大小指定图像大小非常有用。注意：更改像素大小不仅会影响屏幕上图像的大小，还会影响图像品质和打印特性，即打印尺寸或图像分辨率。

2. 图像分辨率

在 Photoshop CC 中，图像中每单位长度上的像素数目称为图像的分辨率，其单位为像素 / 英寸或像素 / 厘米；在 Photoshop 中，图像的分辨率可以根据自己的需要进行更改。在相同尺寸的两幅图像中，高分辨率的图像包含的分辨率比低分辨率的图像包含的像素多。例如，一幅尺寸为 1 英寸 ×1 英寸的图像，其分辨率为 72 像素 / 英寸，包含 5 184 像素（72×72=5 184）。同样的尺寸，分辨率为 300 像素 / 英寸的图像，包含 90 000 像素。由此可见，同样尺寸而分辨率高的图像将更能清晰地表现图像的内容。

3. 文件大小

"文件大小"是图像文件的数字大小，以千字节（K）、兆字节（MB）或千兆字节（GB）为度量单位。文件大小与图像的像素大小成正比。图像中包含的像素越多，在给定的打印尺寸上显示的细节也就越丰富，但需要的磁盘存储空间也会增多，而且编辑和打印的速度可能会更慢。因此，在图像品质（保留所需要的所有数据）和文件大小难以两全的情况下，图像分辨率成为它们之间的折中办法。

4．显示器分辨率

显示器分辨率为显示器上每单位长度显示的像素或点的数量，通常以点 / 英寸（dpi）来表示。显示器分辨率取决于显示器的大小及其像素设置。例如，一幅大图像（尺寸为 800 像素 × 600 像素）在 15 英寸显示器上显示时几乎会占满整个屏幕，而同样还是这幅图像，在更大的显示器上所占的屏幕空间就会比较少，而每个像素看起来会比较大。

图像数据可直接转换为显示器像素。这意味着当图像分辨率比显示器分辨率高时，在屏幕上显示的图像比其指定的打印尺寸大。

在制作用于联机显示的图像时，像素大小变得格外重要。应该控制图像大小，确保图像在较小的显示器上显示时不会占满整个屏幕，从而给"Web 浏览器窗口"控件留出一些显示空间。

1.2.3　打印输出

打印文件是指让 Photoshop 应用程序将图像发送到打印机上打印出照片。Photoshop 可以将图像发送到多种打印设备，以便直接在纸上打印图像或将图像转换为胶片的正片或负片图像。在后一种情况中，可使用胶片创建主印版，以便通过机械印刷机印刷。

打印机分辨率以所有激光打印机（包括照排机）产生的每英寸的油墨点数（dpi）为度量单位。

喷墨打印机产生细微的油墨喷雾，而不是真正的墨点；不过，大多数喷墨打印机大致的分辨率均为 300 ~ 720 dpi。许多喷墨打印机驱动程序提供简化的打印机设置，以选择更高品质的打印。要确定打印机的最优分辨率，要查看打印机文档。

在开始商业印刷的工作流程之前，需要与将输出文件的人员进行联系，以了解他们希望做什么。例如，他们可能不希望在任何时刻转换为 CMYK 模式，因为他们有时需要使用特定设置。

1．准备图像文件以便达到预期打印效果的一些可能方案

（1）始终在 RGB 模式下工作，并确保使用 RGB 工作空间配置文件嵌入了图像文件。

（2）在完成图像编辑之前，要在 RGB 模式下工作，在适当时候将图像转换为 CMYK 模式并进行任何其他的颜色和色调调整，尤其要检查图像的高光和暗调区域；使用"色阶""曲线"或"色相 / 饱和度"命令进行校正，这些调整的幅度应该非常小，最后将 CMYK 文件发送到专业打印机。

（3）将 RGB 或 CMYK 图像置入 Adobe InDesign、Adobe Illustrator 或 Adobe PageMaker 中。一般情况下，在商业印刷机上打印的大多数图像不是直接从 Photoshop 打印的，而是从页面排版程序（如 Adobe InDesign）或打印智能程序（如 Adobe Illustrator）打印的。

2．在处理预定用于商业印刷的图像时要记住的几个问题

（1）如果知道打印机的印刷特性，则可以指定高光和暗调输出以保留某些细节，有关设置图像的色调和颜色输出的更多信息。

（2）如果在桌面打印机上打印图像以便预览最终打印的图像的效果，但桌面打印机和商业印刷机之间存在差异。桌面打印机上打印的图像效果可能与最终的印刷效果看起来不是很类似，一般情况下，专业颜色校样提供的最终打印图像预览效果更精确。

（3）如果具有来自印刷厂的配置文件，则可以使用"校样设置"命令选取它，然后使用"校样颜色"命令查看并校样。此方法将在显示器上提供最终打印图像的预览。

1.3　图像文件格式

Photoshop CC 支持 20 多种文件格式，而且通过增效工具模块，还可以支持更多的格式。深入了解图像文件格式，这一点非常重要，因为在运用 Photoshop 的过程中，经常会碰到采用什么样的文件格式问题。文件格式不同，文件效果一般也大不相同。

一般来说，用于印刷时，常采用 TIFF、EPS 等格式，用于网络一般可供选择的有 GIF、JPEG、PNG 等格式。

下面介绍几种比较常见的图像文件格式。

1. PSD/PSB 文件格式

"PSD"格式是 Photoshop 默认的文件格式，而且是除大型文档格式（PSB）之外支持大多数 Photoshop 功能的文件格式。可以保存图像中的辅助线、Alpha 通道和图层，从而为再次调整、修改图像提供了方便。

"PSB"是 Photoshop 的大型文档格式，可支持最高达 30 万像素的超大图像文件。它支持 Photoshop 所有的功能，可以保持图像中的通道、图层样式和滤镜效果不变，但只能在 Photoshop 中打开。如果要创建一个 2 GB 以上的 PSD 文件，可以使用该格式。

2. JPG/JPEG 文件格式

"JPEG"格式是互联网上最为常用的图像格式之一，支持 CMYK、RGB 和灰度颜色模式，但不支持 Alpha 通道。与 GIF 格式不同，JPEG 保留 RGB 图像中的所有颜色信息，通过有选择地"丢弃"数据来压缩文件大小。JPEG 图像在打开时自动解压缩。压缩级别越高，得到的图像品质越低；压缩级别越低，得到的图像品质越高（JPEG 使用有损压缩）。在大多数情况下，最佳品质选项产生的结果与原始图像几乎无分别。

3. GIF 文件格式

"GIF"格式是互联网上最为常用的图像格式之一，GIF 格式最大特点是能够创建具有动画效果的图像，在 Flash 尚未出现之前，GIF 文件格式是互联网上动画文件的霸主，几乎所有动画图像都需要保存为 GIF 文件格式。

GIF 格式保留索引颜色图像中的透明度，但不支持 Alpha 通道，是使用 8 位颜色并在保留图像细节（如艺术线条、徽标或带文字的插图）的同时有效地压缩图像实色区域的一种文件格式。由于 GIF 文件只有 256 种颜色，因此，将原 24 位图像优化成为 8 位的 GIF 文件时会导致颜色信息丢失。

4. TIFF 文件格式

"TIFF"文件格式用于在应用程序和不同的计算机平台之间交换文件。换而言之，就是使用该文件格式保存的图像可以在 PC、MAC 等不同的操作平台上打开，而且不会存在差异。它是一种灵活的位图图像格式，几乎所有的绘画、图像编辑和页面排版应用程序均支持此文件格式，而且几乎所有的桌面扫描仪都可以产生 TIFF 图像。Photoshop 支持以 TIFF 格式存储的大型文档。但是，大多数其他应用程序和旧版本的 Photoshop 不支持文件大小超过 2 GB 的文档。

TIFF 格式支持具有 Alpha 通道的 CMYK、RGB、Lab、索引颜色和灰度图像，并支持无 Alpha 通道的位图模式图像。Photoshop 可以在 TIFF 文件中存储图层；但是，如果在另一个应用程序中打开该文件，则只有拼合图像是可见的。Photoshop 也能够以 TIFF 格式存储注释和透明度等。

5. BMP 文件格式

"BMP" 格式是 DOS 和 Windows 兼容计算机上的标准 Windows 图像格式。BMP 格式支持 RGB、索引颜色、灰度和位图颜色模式，但不能保存 Alpha 通道。

6. EPS 文件格式

"EPS" 文件格式可以同时包含 "矢量图形" 和 "位图图形"，并且几乎所有的图形、图表和页面排版程序都支持该格式。EPS 格式用于在应用程序之间传递 PostScript 语言所编译的图片。当在 Photoshop 中打开包含矢量图形的 EPS 文件时，Photoshop 将矢量图形转换为位图图像。

EPS 格式支持 Lab、CMYK、RGB、索引颜色、双色调、灰度和位图颜色模式，但不支持 Alpha 通道。若要打印 EPS 文件，必须使用 PostScript 打印机。

7. PDF 文件格式

"PDF" 文件格式是一种灵活的、跨平台、跨应用程序的文件格式。基于 PostScript 成像模型，PDF 文件精确地显示并保留字体、页面版式及矢量和位图图形。另外，PDF 文件可以包含电子文档搜索和导航功能（如电子链接）。PDF 支持 16 位 / 通道的图像。

由于具有很好的传输及文件信息保留功能，PDF 文件格式已经成为无纸办公的首选文件格式。如果使用 Acrobat 等软件对 PDF 文件进行注解或批复等编辑，对于异地协同作业有很大帮助。

8. PNG 文件格式

"PNG" 文件格式是作为 GIF 的无专利替代品开发的，用于无损压缩和显示 Web 上的图像。与 GIF 不同，PNG 支持 24 位图像并产生无锯齿状边缘的背景透明度；但某些 Web 浏览器不支持 PNG 图像。PNG 格式支持无 Alpha 通道的 RGB、索引颜色、灰度和位图模式的图像。PNG 保留灰度和 RGB 图像中的透明度。

9. RAW 文件格式

"RAW" 格式是一种灵活的文件格式，用于在应用程序与计算机平台之间传递图像。RAW 支持具有 Alpha 通道的 RGB、CMYK 和灰度模式，以及 Alpha 通道的多通道、LAB 模式、索引和双色调模式。

此外，还可以将 HDR 和游戏联系起来。HDR 在游戏中特指 HDR 特效。HDR 特效最早是在 nVIDIA 的显卡实现的。

1.4 自定义工作环境

Photoshop 安装成功后，会创建一个预置文件，记录首选项的设置信息。但这些默认的设置往往并不是最优设置，用户可以按照个人习惯以及自己的硬件资源最佳化，修改首选项中的各项信息，定制个性化 Photoshop 工作环境，这样可以使操作更方便，还能加快 Photoshop 的运行速度。

Photoshop CC 允许用户自定义其工作界面，以适应不同用户的要求，用于自定义的命令选项在"编辑"菜单的"首选项"子菜单以下的选项，如图 1-10 所示。

图 1-10　用于自定义的命令选项

1.4.1　预设管理器

选择"编辑"→"预设"→"预设管理器"命令，将会弹出"预设管理器"对话框，用户可以在其中预设常用工具的模式，包括画笔、渐变、色板、样式、图案、等高线、自定形状、工具等，如图 1-11 所示。设置好所有参数后，单击"完成"按钮完成设置。

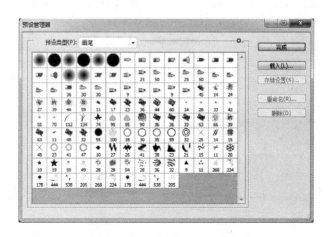

图 1-11　"预设管理器"命令

1.4.2　颜色设置

选择"编辑"→"颜色设置"命令，将会弹出如图 1–12 所示的"颜色设置"对话框，用户可以在其中进行简单的颜色设置。

如果用户对 Photoshop 已有相当了解，可以点击"更多选项"，"颜色设置"对话框将变为如图 1–13 所示的样子，用户可以进行更为详细的设置。

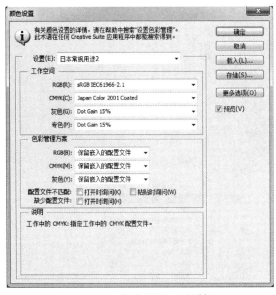

图 1–12　"颜色设置"对话框

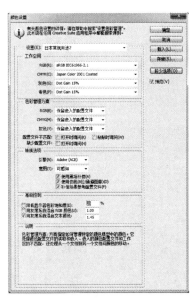

图 1–13　"更多选项"模式下的"颜色设置"对话框

1.4.3　键盘快捷键和菜单设置

选择"编辑"→"菜单"命令选项，将会弹出如图 1–14 所示的"键盘快捷键和菜单"对话框，用户可以在其中进行包括自定义快捷键在内的各种相关操作设置及自定义菜单设置。

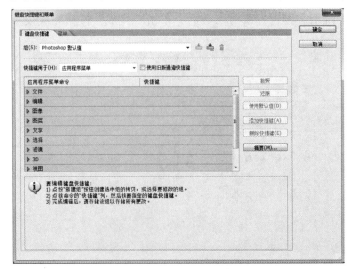

图 1–14　"键盘快捷键和菜单"对话框

1.4.4　"首选项"设置

通过使用 Photoshop CC 的首选项，用户可根据电脑的反应速度对 Photoshop CC 进行选择性的系统化。下面介绍优化 Photoshop CC 的首选项的操作方法。

选择"编辑"→"首选项"命令，将会弹出如图 1-15 所示的"首选项"对话框，用户可以从中选择不同的菜单选项进行预置设置，改变工具的行为和属性。

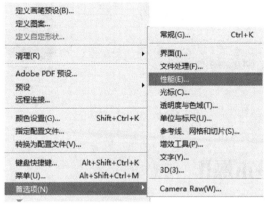

图 1-15　"首选项"对话框

其中标尺、网络和参考线是 Photoshop 软件中的帮助工具，它们被使用的频率非常高，而且使用这 3 种工具可以给今后的图形绘制带来极大的方便，在绘制和移动图形过程中，可以帮助用户准确地对图形进行定位和对齐。标尺、网络和参考线设置好后，可以在"视图"菜单中执行运用，而绘制光标，则直接体现于在图像编辑过程中使用工具及命令操作上。

利用"单位与标尺"命令可以在弹出的"对话框"中设置标尺与文字的单位及文档预设分辨率等。

利用"参考线、网格、切片"命令可以在弹出的对话框中设置参考线、网格和切片的颜色，对于网格还可以设置距离等参数。

利用"绘画光标"命令可以根据自己的喜好和使用习惯来选择绘制光标。一般来说，使用正常画笔笔尖可以帮助用户清楚地看到自己画笔的尺寸，这样可以准确地预计作用受影响的范围；而使用精确光标则可以在吸色时精确控制选择的颜色，可以根据绘画时的需要灵活更改绘制光标。

1.4.5　恢复所有的默认位置

默认情况下，Photoshop 的面板窗口放在图像窗口的右边，如果在使用过程中移动或改变了面板窗口，下一次启动 Photoshop 时，Photoshop 会使用上一次关闭 Photoshop 时的设置。

如果要恢复 Photoshop 面板的默认位置，选择"窗口"→"工作区"→"复位基本功能"命令，如图 1-16（a）所示，或属性栏右边 基本功能 下拉菜单中"复位基本功能"，如图 1-16（b）所示，Photoshop 将恢复所有的默认位置。

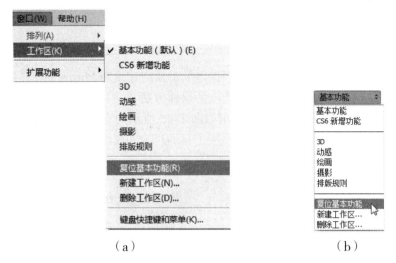

图 1-16　复位基本功能

1.5　文件的基本操作

文件的基本操作主要有新建、打开、储存、关闭等内容。

1.5.1　新建文件

在 Photoshop 中新建一个文件，可以选择菜单中的"文件"→"新建"命令，也可以按快捷键"Ctrl+N"，然后在弹出如图 1-17 所示的对话框进行新文件的"图像尺寸""图像模式"及"分辨率"等参数设置。

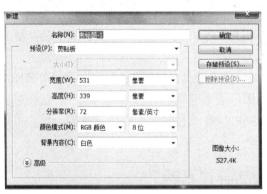

图 1-17　"新建"对话框

基本参数设置具体操作如下。

（1）在"名称"文本框中输入新文件名称。

（2）在"预设"下拉列表框中设置宽度和高度，可以选择系统自带的尺寸设定，也可以选择"自定义"选项，在"宽度"和"高度"数值框中输入所需要的文件尺寸。

（3）设置新文件的"分辨率"：在新文件的高度和宽度不变的情况下，分辨率越高，图像越清晰。

（4）设置新文件的"颜色模式"：一般采用 RGB 模式。

（5）为图像的"背景内容"设置新文件的背景颜色。

1.5.2　打开 / 打开为

选择菜单中的"文件"→"打开"命令打开文件，也可以按快捷键"Ctrl+O"来打开文件，以便进行修改、编辑等操作。可能存在 Photoshop 无法确定文件的正确格式的情况，必须指定打开文件所用的正确格式。

选择菜单中的"文件"→"打开为"命令，选择要打开的文件。然后从"打开为"弹出式菜单中选取所需的格式并单击"打开"按钮。

"打开为"命令与"打开"命令的不同之处在于，"打开为"可以打开一些使用"打开"命令无法辨认的文件。例如，某些图像从网络下载后在存储时如果以错误的格式存储，使用"打开"命令是打不开的，此时可尝试用"打开为"命令。

1.5.3　最近打开

在"最近打开文件"下拉列表中有最近打开过的文件，一般列有 10 次打开过的图像文件。如果需要打开的文件名称在列表中，直接选择该文件名即可打开该文件供修改、处理等操作需要。

如果文件不能够打开，则可能是因为选取的格式与文件的实际格式不匹配，或者是因为文件已经损坏。

1.5.4　置入文件

选择菜单中的"文件"→"置入"命令，将图片放入图像中的一个新图层内。

1.5.5　存储文件

选择菜单中的"文件"→"存储"命令，也可以按快捷键"Ctrl+S"来存储文件；存储前根据需要再进行设置，如"文件名"中输入自己想要的文件名，在"文件格式"中选择相应的文件格式。

若要在已编辑图像中保留所有 Photoshop 功能（图层、效果、蒙版、样式等），最好用 Photoshop 格式（PSD）存储图像的拷贝。

1.5.6　另存为

选择菜单中的"文件"→"另存为"命令，可将图像以不同的格式和不同的选项存储图像，也可以存储在不同的位置。

图 1-18　"另存为"对话框

13

1.5.7　存储为 Web 所用格式

选择菜单中的"文件"→"储存为 Web 所用格式"命令,可将图像储存为 Web 所用格式。

1.5.8　关闭

选择菜单中的"文件"→"关闭"命令,或者按快捷键"Ctrl+W",可关闭当前图像文件,选择菜单中的"文件"→"关闭全部"命令,将会关闭打开的全部文件。在关闭图像并退出 Photoshop 之前,如果所进行的修改等操作要保留的话,一定先"存储"图像。

1.6　文件的调整

有时我们需要对文件进行适当的调整,如对文件的位置和大小进行适当改变、更改图像的大小、切换屏幕显示模式等。

1.6.1　改变文件的位置和大小

当文件未处于最大化状态时,单击文件的标题栏位置并拖动即可移动窗口的位置。

要调整文件的尺寸,用户除了可以利用文件右上角的"最小化"按钮和"最大化"按钮外,还可通过将光标置于文件窗口边界,然后拖动鼠标来进行调整。

1.6.2　调整窗口排列和切换当前窗口

当打开了多个图像窗口时,屏幕可能会显得有些零乱。为此,用户可通过选择"窗口"→"排列"命令中的"层叠""拼贴""排列图标"等命令来安排图像窗口的显示。

1.6.3　图像缩放和平移

在处理图像时,用户可能经常会根据需要放大或缩小图像显示。为此,可选用工具箱中的缩放工具,或使用"视图"菜单中的"放大""缩小""满画布显示""实际像素""打印尺寸"等选项。

- ●放大:将图像放大到下一预定比例显示。
- ●缩小:将图像缩小到下一预定比例显示。
- ●满画布显示:使图像以最合适的比例完整显示。
- ●实际像素:使图像以 100% 的比例显示。
- ●打印尺寸:使图像以实际打印尺寸显示。

另外一种控制图像显示比例的方法是利用"导航器"控制面板,即首先将光标定位在"导航器"控制面板的滑块上,然后拖动鼠标即可。

当图像超出当前显示窗口时,系统将自动在显示窗口中的右侧和下方出现垂直滚动条或水平滚动条。因此，用户可直接借助滚动条在显示窗口中移动显示区域。

1.6.4　更改图像大小

扫描或导入图像以后，一般需要调整其大小。在 Photoshop 中，可以选取菜单中的"图像"→"图像大小"命令对话框来调整图像的像素大小、打印尺寸和分辨率。如果要保持当前的像素宽度和像素高度的比例，可选择"约束比例"。更改高度时，该选项将自动更新宽度，反之亦然，如图 1-19 所示。

在"像素大小"下输入"宽度"值和"高度"值。如果要输入当前尺寸的百分比值，可选取"百分比"作为度量单位。图像的新文件大小会出现在"图像大小"对话框的顶部，而旧文件大小在括号内显示。

图 1-19　"图像大小"对话框

1.6.5　设置画布大小

在实际工作中，人们经常需要根据情况调整图像尺寸、画布尺寸和图像分辨率。有时需要对图像进行处理，却受限于图像的画布尺寸，这时可以选择菜单中的"图像"→"画布大小"命令，在弹出的"画布大小"对话框中，对画布大小进行修改，然后单击"确定"按钮，如图 1-20 所示。

图 1-20　"画布大小"对话框

1.6.6　操作的"恢复"与"还原"

（1）"恢复"：在编辑图像的过程中，若希望文件返回上一次的存储状态，可选择"文件"→"恢复"命令，文件即会恢复到上一次保存的状态。在 Photoshop 的"历史记录"面板中可以进行多步恢复操作。

（2）"还原"：选择"编辑"→"还原"命令，可以撤销刚刚执行的操作，还原工作以前的状态；执行完还原操作后，"还原"命令被"重作"命令所取代，又可以重复刚进行的操作。

1.7　文件操作辅助工具

文件操作时，常用到"移动工具""抓手工具"等常用辅助工具，这些工具虽然操作简单，但也非常重要。

1.7.1　移动工具

使用"移动工具" ，可将图层中的一幅图像或所选区域移动到指定的位置上。单击"移动工具"，在屏幕的右上侧便弹出移动选项调板。操作方法，先框选出所需的图像，单击"移动工具"并放到所选区域内，然后移动选区到指定位置。

1.7.2　抓手工具

当图像窗口不能全部显示整幅图像时，可以利用"抓手工具" 在图像窗口内上下、左右移动图像，以观察图像的最终位置。

1.7.3　3D 材质拖放工具

"3D 材质拖放工具"可以对 3D 文字和 3D 模型填充纹理效果。该功能只能在 3D 工作区中启动。

1.7.4　制作青花瓷盘效果 —— 3D 材质拖放工具基本应用

1. 制作青花瓷盘效果，并新建青花瓷材质

（1）选择"文件"→"打开"命令，在"打开"对话框中，找到"素材图像 1"文件（本书用到的素材图像请从网站"好的课"www.heduc.com"学习资源"栏目下载，后面不再提示），把此文件打开，界面如图 1-21 所示。此时可见"3D 材质拖放工具"的属性栏由不可编辑的灰色状态变成可编辑状态，如图 1-22 所示。

图 1-21　"打开"对话框

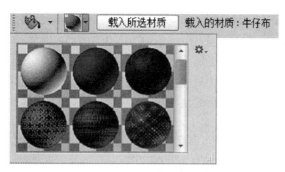

图 1-22 "3D 材质拖放工具"的属性栏

图 1-23 "图层"面板

（2）打开"图层"面板，如图 1-23 所示，在"图层"面板中双击纹理层，纹理会作为智能对象打开，此时 3D 工作区界面如图 1-24 所示。

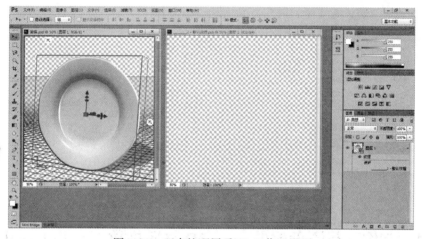

图 1-24 双击纹理层后 3D 工作区界面

（3）选择"文件"→"打开"命令，在"打开"对话框中，找到拍摄并已处理的名为"素材图像 2（可以用其他素材替代），然后按"打开"按钮把文件打开，单击工具栏中"移动工具" ⊕ 将该图像拖动到 3D 纹理文档中，如图 1-25 所示。

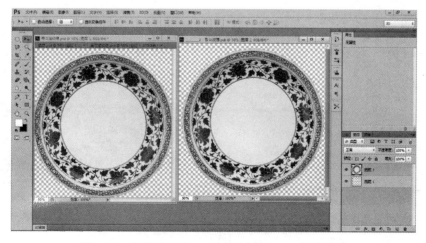

图 1-25 拖动图像到 3D 纹理文档后 3D 工作区界面

（4）关闭"素材图像 2"文件，单击"素材图像 1"文件为当前编辑图像，单击 3D 面板为当前编辑面板，用鼠标单击"显示所有材质"按钮，"3D"面板如图 1-26 所示。

（5）单击工具栏中"3D 材质拖放工具"为当前工具，在其属性栏中执行"新建材质"命令，如图 1-27 所示，在弹出的"新建材质预设"对话框中，输入名称"青花瓷纹理"，如图 1-28 所示。此时可见瓷盘已贴上青花瓷图案，"图层"面板如图 1-29 所示，效果如图 1-30 所示。

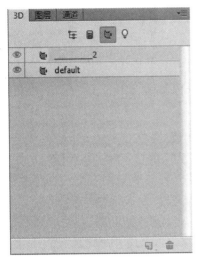

图 1-26 "3D"面板

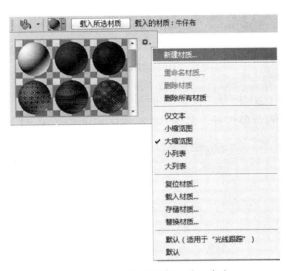

图 1-27 选择"新建材质"命令

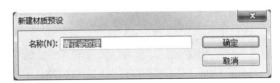

图 1-28 输入"新建材质"名称

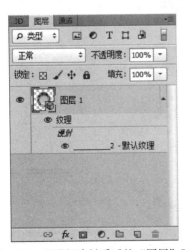

图 1-29 预设新建材质后的"图层"面板

图 1-30 青花瓷盘效果图

（6）选择"文件"菜单→"存储为"命令或使用"Shift+Ctrl+S"快捷键，在弹出"存储为"对话框中，文件名输入"青花瓷"，点击"保存"按钮，把文件存储为"青花瓷 .PSD"，如图 1-31 所示。

图 1-31　存储文件

2. 利用新建材质纹理为瓷盘贴青花图案，制作青花瓷盘效果

（1）打开"素材图像 1"文件。

用鼠标单击工具栏中"3D 材质拖放工具" 🖐，把其属性栏由不可编辑的灰色状态变成可编辑状态。在属性栏中，载入"1"中新建的"青花瓷纹理"材质，如图 1-32 所示。

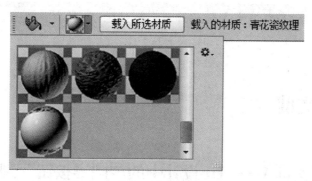

图 1-32　载入"青花瓷纹理"材质

（2）把光标移动到工作区中，直接点击"素材图像 1"图像文件中瓷盘，立刻就把青花图案贴在瓷盘上，并已经制作出青花瓷盘效果，工作界面如图 1-33 所示。

图 1-33　工作界面

（3）单击"文件"菜单→"存储为"命令或使用"Shift+Ctrl+S"快捷键，在弹出"存储为"对话框中输入"青花瓷盘"，点击"保存"按钮，把文件存储为"青花瓷盘 .PSD"。

1.7.5　缩放工具

利用"缩放工具"，可将图像缩小或放大，以便观察。将"缩放工具"移入图像后并按一下鼠标，则图像就会放大一级。如果按住 Alt 键，画面可按比例进行缩小。若进行更多缩放操作可在"缩放工具"选项栏上按需求设定即可。我们也可以使用快捷键"Ctrl++"组合键放大图像显示或"Ctrl+ -"组合键缩小图像显示。

1.7.6　标尺工具

"标尺工具" 是用来度量图像中任何两点间的距离、位置和角度的。其具体的数值显示在信息控制面板上，如图 1-34 所示。

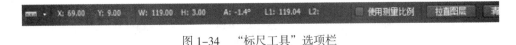

图 1-34　"标尺工具"选项栏

1.8　项目实训

1.8.1　项目实训 1——UI 设计中的"圆形按钮"制作

［案例说明］

本案例将制作出如图 1-35 所示的效果。本例主要应用"选区工具""渐变填充工具""变换选区"命令等操作完成，以便读者对使用 Photoshop 进行图形制作有基本的认识。扫一扫二维码 1-1，可以观看实操演练过程。

图 1-35 按钮效果

二维码 1-1

[制作步骤]

（1）单击工具箱中的"设置背景色"按钮，把背景设置为浅紫色（R=90，G=25，B=135）。选择"文件"→"新建"命令，在"新建"对话框中设定图像"宽度"为 6 厘米，"高度"为 6 厘米，"分辨率"为 72 像素 / 英寸，模式为"RGB 颜色"，"背景内容"为"背景色"，如图 1-36 所示，单击"确定"按钮后文档效果如图 1-37 所示。

图 1-36 "新建文件"对话框

图 1-37 文档效果

（2）选择"图层"面板中"创建新图层"按钮，新建"图层 1"，使用"椭圆选框工具"，按住 Shift 键，在新建图层中画一个正圆选区，效果如图 1-38 所示；按 D 键，把前景色 / 背景色设置为默认颜色。

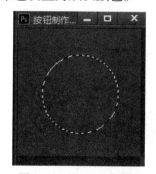

图 1-38 画一正圆选区

图 1-39 "渐变"设置

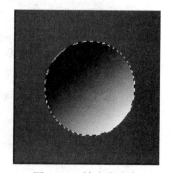

图 1-40 填充渐变色

（3）选择"渐变工具"，在"渐变工具"属性栏中选择"线性渐变"模式，单击"点按可打开'渐变'拾色器"下三角按钮，选择"从前景色到背景色渐变"，如图 1-39 所示；然后在选区内，用鼠标由上到下进行拖动渐变，给"正圆选区"填充渐变色，效果如图 1-40 所示。

（4）选择"图层"面板中"创建新图层"按钮，新建"图层 2"（不要取消"正圆"选区），然后选择"选择"菜单→"修改"→"变换选区"命令，按"Shift +Alt"组合键同时将鼠标放"正圆"选区右上角往左下方方向拖动鼠标，将"正圆"选区等比缩小到合适大小后松开鼠标，如图 1-41 所示，单击"确定"按钮，效果如图 1-42 所示。

图 1-41　缩小"正圆"选区　　　　　　图 1-42　等比缩小"正圆"选区

（5）再次单击工具箱中的"渐变工具"，在"渐变工具"属性栏中选择"线性渐变"模式，然后在选区内，用鼠标由下自上进行拖动渐变，按"Ctrl+D"组合键取消选区，按钮效果如图 1-35 所示。

1.8.2　项目实训 2 —— 环圈效果

[案例说明]

本案例通过图层的剪切制作出人物套在环圈之中的效果，如图 1-43 所示。本例主要应用"选择工具""路径""图层选区的复制""图层的次序调整"等工具和命令操作完成，让读者对 Photoshop 进行图像合成的基本操作有一个基本认识。扫一扫二维码 1-2，可以观看实操演练过程。

图 1-43　图像合成效果　　　　　　　　二维码 1-2

[制作步骤]

（1）选择"文件"→"打开"菜单命令，弹出"打开"对话框，打开图像文件"素材图像 3"和"素材图像 4"。

（2）单击文件"素材图像 3"中的"Layer1"图层，直接用工具箱中的"移动工具"移动到文件"素材图像 4"中，形成新的图层，命名为"Layer1"。

（3）选择"编辑"→"自由变换"菜单命令，将"Layer1"图层的大小及位置进行适当的调整，如图 1-44 所示，"图层"面板如图 1-45 所示，按"Enter"键确定。

图 1-44　"环圈"大小调整

图 1-45　"图层"面板

（4）使用"钢笔工具"对人物腰部进行勾画，单击鼠标右键，并在弹出快捷菜单中选择"建立选区"命令，如图 1-46 所示，在弹出的"建立选区"对话框中使用默认值，将选择区域转换为选区。然后单击"背景"图层，使之成为当前编辑图层，按"Ctrl+C"组合键进行复制，按"Ctrl+V"组合键进行粘贴，将形成的新图层命名为"图层 2"，并将"图层 2"移动到 Layer1 图层上面，"图层"面板如图 1-47 所示。

图 1-46　选择"建立选区"

图 1-47　"图层"面板

图 1-48　调整"图层"面板

（5）同样的制作方法，利用"钢笔工具"在人物的大腿部位选择好后，操作方法同"步骤 4"，形成新的图层，命名为"图层 3"，并把它移动到"图层 2"的上面，"图层"面板如例图 1-48 所示。

（6）此时得到如图 1-43 所示的最终效果。将最后完成的效果图以"环圈效果"为文件名保存在指定文件夹中。

第 2 章

选区创建与编辑

本章主要讲解"选取工具"或"选取命令"在实践中的应用;怎样创立选区以及灵活运用选区,对于 Photoshop 用户来说非常重要,如我们要想将一图像中的某一部分替换另一图像,就必须先选择好这一部分,然后使用相关工具进行处理、调整,才能使替换部分自然、真实;还有如我们要将图像某一部分的色彩调整,也需要先进行选择,然后再进行色彩调整操作,所以我们必须熟练掌握选区的基本知识和实践应用。

2.1 选择工具

用来执行选择操作的工具一般包括选框工具、套索工具及魔术棒工具等,具体可以分为以下几种。

● "规则选择"工具:可以选取矩形、椭圆形、单行或单列的形状的选择范围,一般指的是选框组工具。

● "不规则的选择"工具:可以选取多边形等不规则形状的选择范围,如套索工具及魔术棒工具等。

选择了相应的选择工具实施了选择操作后,在选择工具选项栏中会出现"增加选区""从选区中减去"和"建立相交选区"等按钮,可以方便地完成选区的各种"加"或"减"等的运算。

另外,在实际应用中,还常常用到"钢笔工具" ☑ 及"以快速蒙版模式编辑工具" ☑ ,灵活应用这两个工具,在选区上会得到意想不到的效果。

2.1.1 选框工具组

在工具箱中选中点击"矩形选框工具" ☐ 右下角的小三角箭头,会显示出选框工具组中全部工具,如图 2-1 所示。

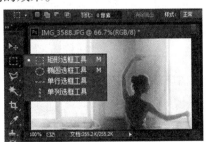

图 2-1 选框工具组

1．矩形选框工具

在工具箱中选中"矩形选框工具"，在工作窗口的上部显示如图 2-2 所示"矩形选框工具"属性栏；使用矩形选框工具，可以方便地在图像中制作出长、宽随意的矩形选区。

图 2-2　"矩形选框工具"属性栏

该选项栏分为 3 个部分：选择方式、羽化、样式，这 3 部分将分别提供对"矩形选框工具"各种不同参数的控制。如果这时屏幕没有相应的显示，执行"窗口"→"显示选项"命令调出工具选项栏即可。

（1）选择方式：如图 2-3 所示，该部分有 4 个选项。

图 2-3　选择方式

●新选区：清除原有的选择区域，直接新建选区。只要在图像中按住鼠标左键，然后拖动到合适的位置放开就可以了。

●添加到选区：在原有选区的基础上，增加新的选择区域，形成最终的选择范围。

●从选区减去：在原有选区中，减去与新的选择区域相交的部分，形成最终的选择范围。

●与选区交叉：使原有选区和新建选区相交的部分成为最终的选择范围。

（2）羽化：设置羽化参数可以有效地消除选择区域中的硬边界并将它们柔化，使选择区域的边界产生朦胧渐隐的柔和过渡效果，效果看起来非常自然，如图 2-4 和图 2-5 所示。

图 2-4　未进行羽化的效果

图 2-5　羽化后的效果

（3）样式：该选项用来规定所制作的矩形选框的长、宽特性。如选择"固定大小"，然后在"宽度"和"高度"上分别输入"100 像素"和"120 像素"，设置完毕，用鼠标在编辑区中单击一下，一个 100 像素 ×120 像素的选区便自动建立起来了。

25

样式下拉菜单中提供了 3 种样式供选择，如图 2-6 所示。

图 2-6 "样式"选项

●正常：这是默认的选择样式，在这种样式下，可以用鼠标创建长、宽任意的矩形选区。

●固定长宽比：在这种方式下可以为矩形选区设定任意的长宽比，只要在对应的宽度和高度参数框中填入需要的宽度和高度比值即可。

●固定大小：在这种方式下，可以通过直接输入宽度值和高度值来精确定义矩形选区的大小。

2. 椭圆选框工具

使用"椭圆选框工具"可以在图像中制作出半径随意的椭圆形选区。它的使用方法和工具选项栏的设置与"矩形选框工具"的大致相同。如图 2-7 所示为"椭圆选框工具"的工具选项栏。

图 2-7 "椭圆选框工具"选项栏

"消除锯齿"选项的原理就是在锯齿之间插入中间色调，这样就使那些边缘不规则的图像在视觉上消除了锯齿现象。

3. 单行选框工具

使用"单行选框工具"可以在图像中制作出 1 个像素高的单行选区。

4. 单列选框工具

与"单行选框工具"类似，使用"单列选框工具"可以在图像中制作出 1 个像素宽的单列选区。

● 注意："单行选框工具"和"单列选框工具"是两个较为特别的选择工具，当需要制作只有 1 个像素高或者宽的选区时，用它们来操作就方便很多。

2.1.2 套索工具组

套索工具组主要包括"套索工具""多边形套索工具"和"磁性套索工具"，单击"套索工具"右下角的小三角箭头，可以弹出如图 2-8 所示的"套索工具组"。

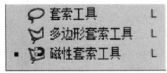

图 2-8 套索工具组　　　　　　图 2-9 "套索工具"建立选区

1. 套索工具

使用"套索工具" ，可以用鼠标在图像中徒手描绘，制作出轮廓随意的选区。通常用它来勾勒一些形状不规则的图像边缘，如图 2-9 所示。

"套索工具"使用时，先将鼠标移动到图像中单击以确定曲线的起点，然后再陆续单击其他折点来确定每一条曲线的位置。单击工具箱上的"套索工具"按钮 ◯ 时，会显出相应的"套索工具"属性栏，如图 2-10 所示。

图 2-10　"套索工具"属性栏

"套索工具"属性栏中的 这 4 个按钮的用法同前面介绍的其他选择工具的使用方法一样。

2. 多边形套索工具

"多边形套索工具" 可以在图像中制作折线轮廓的多边形选区。使用时，先将鼠标移动到图像中单击以确定折线的起点，然后再陆续单击其他折点来确定每一条折线的位置。最后当折线回到起点时，光标下会出现一个小圆圈，表示选择区域已经封闭，这时再单击鼠标即可完成操作，如图 2-11 所示。

图 2-11　"多边形套索工具"建立选区

3. 磁性套索工具

"磁性套索工具" 是一种具有自动识别图像边缘功能的套索工具。使用时，将鼠标移动到图像中单击选取起点，然后沿物体的边缘移动鼠标（不用按住鼠标的左键），这时磁性套索工具会根据自动识别的图像边缘生成物体的选区轮廓，属性栏如图 2-12 所示。

图 2-12　"磁性套索工具"属性栏

当鼠标移动回到起点时，光标的右下角会出现一个小圆圈，表示选择区域已经封闭，最后在这里单击鼠标即可完成操作，如图 2-13 所示（素材源自"素材图像 5"）。

图 2-13　"磁性套索工具"建立选区

2.1.3　魔棒工具组

"魔棒工具"是一个非常神奇的选取工具，可以用来选择图像中颜色相似的区域；"魔棒工具组"中有"魔棒工具"和"快速选择工具"。单击"魔棒工具"右下角的小三角箭头，可以弹出如图 2-14 所示的"魔棒工具组"。

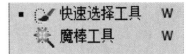

图 2-14　魔棒工具组

1. 快速选择工具

使用"快速选择工具"单击图像中的某个点时，可以利用可调整的圆形画笔笔尖快速创建选区，当拖动时，选区会向外扩展并自动查找和跟随图像中定义的边缘。

单击工具箱上的"快速选择工具"按钮，便会显示相应的"快速选择工具"属性栏，如图 2-15 所示。通过设定"快速选择工具"属性栏，可以设定画笔笔尖大小、硬度及间距，例如在属性栏中的"画笔"选取器中可以直接输入画笔大小，或拖动"大小"滑块来调整画笔笔尖大小，使用"大小"下拉列表框中的选项，可使画笔笔尖大小随钢笔压力或光笔轮而变化。

图 2-15　"使用快速选择工具"属性栏

● 对所有图层取样：是基于所有图层（而不是仅基于当前选定图层）创建一个选区。

● 自动增强：可减少选区边界的粗糙度和块效应。

● 调整边缘：自动将选区向图像边缘进一步流动并应用一些边缘调整，例如，通过在"调整边缘"对话框中使用"半径""平滑""羽化""对比度"和"移动边缘"等选项手动应用这些边缘调整，如图 2-16 所示。选区将随着绘制范围的增大而增大。如果更新速度较慢，应继续拖动以留出时间来完成选区上的操作。在形状边缘的附近绘制时，选区会扩展，以跟随形状边缘的等高线。

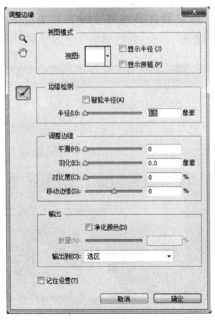

图 2-16　"调整边缘"对话框

单击"使用快速选择工具"属性栏中的"添加到选区"按钮，可以绘制出几个选区叠加的效果；在"使用快速选择工具"属性选项栏中单击"从选区中减去"按钮，可得到先前的选取减去现在选区后的选区的效果。

2. 魔棒工具

使用"魔棒工具" 单击图像中的某个点时，该点附近与其颜色相同或相似的区域会自动进入选区，从而被选中。单击工具箱中的"魔棒工具"按钮时，便会显出相应的"魔棒工具"属性栏，如图 2-17 所示。通过设定"魔棒工具"属性栏，可以控制其颜色相似程度。

图 2-17　"魔棒工具"属性栏

- 容差：该选项是用来控制选定颜色的误差范围，值越大，选择颜色的区域越广。
- 消除锯齿：该选项是用来消除所选区域的锯齿，使选出的区域较平滑。
- 连续：该选项是使选择的相近颜色选区是连续的。
- 对所有图层取样：该选项是用来将所有图层中颜色相似范围内的颜色载入。

2.1.4　以"快速蒙版模式"编辑工具

该工具一般用于将前景色及背景色设置为默认的黑色和白色。下面将通过一个例子来了解它的运用。

打开图像文件"素材图像 6"，按下 Ctrl 键单击"图层"中的绿叶，建立如图 2-18（a）所示的选区。按 D 键设置前景色 / 背景色为默认的黑 / 白，单击"以快速蒙版模式编辑"按钮进入蒙版模式，此时选区将显示成半透明的红色。将图片放大数倍，再选择"橡皮擦工具"，试着在红色上拖动，发现半透明的蒙版可以被修改，如图 2-18（b）所示。若把前景色与背景色进行转换，再次使用"橡皮擦工具"进行涂抹，可以发现红色被涂抹成透明状，当对蒙版的修改满意的时候，取消快速蒙版模式时，效果如图 2-18（c）所示。这样就可以获得新的修改后的选区了。

这项工具对于精细的修图工作是有很大用处的，Photoshop 里面许多移花接木的功能都是靠这种方式实现的。

（a）

（b）

（c）

图 2-18　效果图

2.1.5　裁剪工具

"裁剪"本身是一个绘画的术语，指剪掉一幅画或图片的多余部分，可以将其看作是特殊的选取工具。

"裁剪工具"主要包括"裁剪工具""透视裁剪工具""切片工具"和"切片选择工具"；单击"裁剪工具"右下角的小三角箭头，可以弹出如图 2-19 所示的"裁剪工具组"。

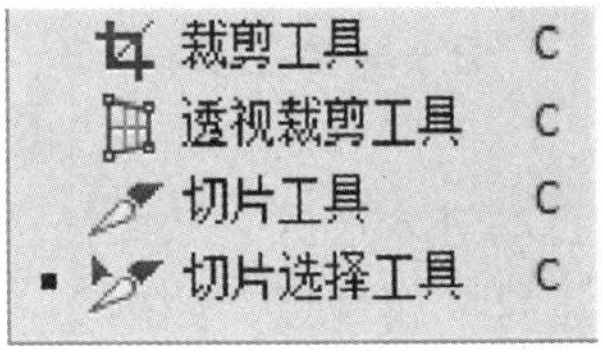

图 2-19　裁剪工具组

1. 裁剪工具

使用"裁剪工具"可以对图像进行任意的裁剪，重新设置图像的大小。我们不需要执行烦琐的图像大小控制命令也可以对图像施行任意的裁切，而且效果很直观。

要对图像进行裁剪，首先要在工具箱中选中"裁剪工具"，然后在要进行裁剪的图像上单击并拖拉鼠标，产生一个裁剪区域，如图 2-20 所示（素材源自"素材图像 4"）。释放鼠标，这时在裁剪区域周围出现了小方块，这些小方块称为控制点，通过用鼠标拖动这些控制点，可改变裁剪区域的大小，以达到自己预期的效果。如果配合 Shift 键一起使用，它可以严格地约束各种图形的结构比例或者旋转的角度。

图 2-20　"裁剪工具"下拉菜单

图 2-21　完成"裁剪"操作

最后按 Enter 键，或者在裁剪区域中双击鼠标结束裁剪编辑状态，这样就完成了裁剪的操作。效果如图 2-21 所示。

2. 透视裁剪工具

"透视裁剪工具"主要是解决在拍摄高大的物体时，如建筑物，由于视角较低，竖直的线条会向消失点集中，从而产生透视畸变问题。

3. 切片工具 / 切片选择工具

"切片工具"主要应用于制作网页图片。"切片选择工具"可以调整切割图片的面积或移动切割部分，双击被切割的部分还可以直接建立网络链接地址。选中"切片选择工具"选项栏如图 2-22 所示。

图 2-22　"切片选择工具"选项栏

在"切片选择工具"选项栏中，选项 4 个图标中作用分别是：为置于顶层按钮，为前移一层按钮，为后移一层按钮；为置于底层按钮。

2.1.6　钢笔工具

"钢笔工具" ✐ 可以创建比较精确的直线和平滑流畅的曲线（路径），然后转换为"选区"，也可以说"钢笔工具"是一种比较特殊的"选择工具"。详细介绍见第 7 章的"7.1 节"内容。

2.1.7　简易蘑菇绘制 —— 选取工具基本应用

[案例说明]

本案例将制作出如图 2-23 所示的"简易蘑菇"效果。本例主要用到"椭圆选框工具""油漆桶工具""填充"及"新建图层"等工具和命令操作完成。

图 2-23　最终效果

[制作步骤]

（1）选择"文件"→"新建"命令，在"新建"对话框中设定图像"宽度""高度"均为"10 厘米"，"分辨率"为 72 像素 / 英寸，模式为"RGB 颜色"，"背景内容"为"白色"，单击"确定"按钮，效果如图 2-24 所示。

图 2-24　新建文件

（2）单击工具箱中的"椭圆选框工具"，在"椭圆选框工具"属性栏中，将"羽化"设置为0像素。在刚新建的"文件"中按住鼠标左键，然后拖动到合适的位置，绘制一个圆形选区，如图2-25所示。

（3）设置"前景色"为黄色（也可以是自己喜欢的其他颜色），按"Alt+Delete"组合键为椭圆选区填色，如图2-26所示。

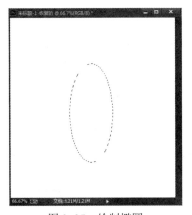

图2-25　绘制椭圆

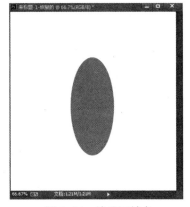

图2-26　给选区填色

（4）绘制一较大"圆形选区"，如图2-27所示。

（5）单击工具箱中的"矩形选框工具"，在"矩形选框工具"属性栏中选择"从选区减去"选项 ，然后在刚新建的"椭圆"中下方位置按住鼠标左键拖动，在原有选区中减去与新的选择区域相交的部分，形成最终的半圆形，如图2-28所示。

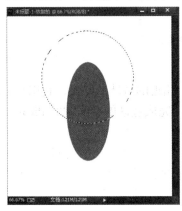

图2-27　绘制椭圆

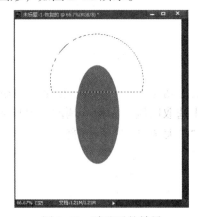

图2-28　减选后的效果

（6）设置"前景色"为蓝色（也可以是自己喜欢的其他颜色），按"Alt+Delete"组合键为椭圆选区填色，如图2-29所示。

图2-29　给选区填色

（7）单击工具箱中的"椭圆选框工具"，在"椭圆选框工具"属性栏中选择"添加到选区"选项，然后在"半圆图形"中绘制大小不一的多个椭圆，如图 2-30 所示。

（8）设置"前景色"为白色（也可以是自己喜欢的其他颜色），按"Alt+Delete"组合键为椭圆选区填色，如图 2-31 所示。

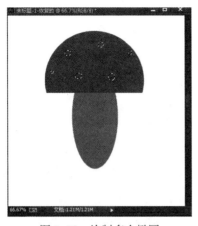

图 2-30　绘制多个椭圆

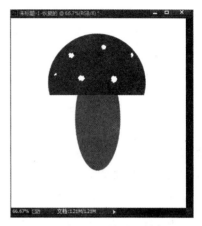

图 2-31　给选区填色

（9）按"Ctrl+D"组合键取消椭圆选区，最终效果如图 2-23 所示。

2.2　选区的调整

2.2.1　扩大选取

当已经创建了一定的选区范围，但还需要选取颜色相近的区域的时候，利用叠加的方式在图像中选取区域是非常麻烦的。怎样才能方便快捷地完成选区的加大呢？ Photoshop 提供了一个"扩大选取"命令功能。

只要在原来的区域中再选择执行"选择"→"扩大选取"命令，扩大选取的使用要视具体情况而定；如图 2-32 所示选区是原选区，执行了"扩大选取"命令后的选区效果如图 2-33 所示，若在执行过程中发现效果不理想，可以多次使用"扩大选取"命令。

图 2-32　用"魔棒工具"选择后效果

图 2-33　执行"扩大选取"命令后效果

2.2.2　修改选区

在"选择"→"修改"菜单中还包括了"边界""平滑""扩展""收缩"及"羽化"5个命令，如图 2-34 所示。在图 2-33 所示的选区范围做一下选区，可以将选区边界扩边。

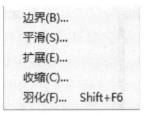

图 2-34　"修改"命令子菜单

选择"选择"→"修改"→"边界"菜单命令，弹出如图 2-35 所示的对话框，在该对话框中输入需要扩张的宽度，这里设置为"4"像素，得到扩边后的图像效果如图 2-36 所示。

图 2-35　"扩边"命令对话框　　　　　　图 2-36　扩边后效果

2.2.3　变换选区

"变换选区"命令也是位于"选择"菜单中，其作用是对选取的区域进行旋转、收缩等变形操作。

选择"选择"→"变换选区"菜单命令，图 2-37 变成了如图 2-38 所示的效果。利用鼠标旋转并缩小选区范围，如图 2-38 所示，按 Enter 键就可以得到新的选区范围。

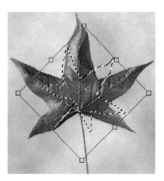

图 2-37　"变换选区"前效果　　　　　　图 2-38　"变换选区"后效果

2.2.4　移动选区

移动选区和移动图像有所不同。第一，移动选区不会影响图像内容；第二，移动选区的时候必须确定当前工具是"矩形选框工具""套索工具"或"魔棒工具"等选择工具，而非移动工具。

使用鼠标移动选区的时候，将鼠标指针移至选区内，当鼠标指针右下方出现一个小虚线框的时候，便可按下鼠标左键拖动选区至所需的位置。在拖动过程中鼠标指针会显示为三角箭头。

2.2.5　选区相关的其他操作

在 Photoshop 中还有一些选择工具，协助用户对图像进行选择。在"选择"菜单下，还有"全选""取消选择""重新选择""反向""色彩范围"和"选取相似"等命令选项可以协助用户对图像进行选取，如图 2-39 所示。

- 全选：将所打开的图像全部选中，快捷键"Ctrl ＋ A"。
- 取消选择：该命令选项可以取消已经选取的图像选区，快捷键"Ctrl ＋ D"。
- 重新选择：Photoshop 会自动记录上次选择的区域，使用这项命令选项可以重复选择上次选择的选区，快捷键"Ctrl ＋ Shift ＋ D"。
- 反向：该项命令选项作用是选择当前选区以外的图像，快捷键"Ctrl ＋ Shift ＋ I"。
- 色彩范围：该命令可根据图像的颜色范围创建选区，与"魔棒工具"具有很大的相似之处，不同的就是该命令提供了更多的控制选项，提高了选择精度。

图 2-39　"选择"菜单

选择"选择"→"色彩范围"命令，弹出"色彩范围"对话框，如图 2-40 所示。

图 2-40　"色彩范围"对话框

如"选取相似"：当用"魔棒工具"对颜色比较接近的像素进行选择时，因为颜色色差的问题，有时候不可能一次就全部选中，这时可以选择"选择"→"选取相似"菜单命令，有时候要执行多次，才可以把颜色相同或颜色近似的像素全部选择，使用"选取相似"命令的前后效果如图 2-41 所示。图 2-41（a）是第一次使用魔棒后出现的选择区域的效果图，其中"魔棒工具"属性栏中容差参数设置为"80"，图 2-41（b）是多次使用"选取相似"命令后的效果。

（a）　　　　　　　　　　　　　　　（b）

图 2-41　使用"选取相似"命令前后效果对比图

2.2.6　混合立体效果——"编辑选取"的基本应用

［案例说明］

本案例将制作出如图 2-42 所示的"混合立体"效果。本例主要用到"魔棒工具""修改""选取相似"及"新建图层"等工具和命令操作完成。

图 2-42　"混合立体"效果

［制作步骤］

（1）选择"文件"→"打开"命令，在弹出的"打开"对话框中按 Ctrl 键选中"素材图像 6""素材图像 7""素材图像 8"，把三个图像同时打开。

（2）将"素材图像 7"作为当前编辑图像，选择"图像"→"复制"命令，复制一份该图像，将"素材图像 7"关闭，这样做的目的是保护原来的素材不受破坏。单击"素材图像 7 副本"，使之成为当前编辑图像。把背景复制一层，命名为"图层 1"。然后用"魔棒工具"，选取"图层 1"中的黑色像素，选中后，按 Delete 键进行删除，按"Ctrl+D"组合键取消选择。然后单击"背景层"，使之成为当前编辑图层，选择"编辑"→"填充"，把背景图层填充为黑色，"图层"面板如图 2-43 所示。

图 2-43　"图层"设置

（3）将文件"素材图像 6"中的"Layer 1"图层用"移动工具"直接拉入"素材图像 7 副本"文档中，生成的"图层"命名为"图层 2"，调整图层次序，把"图层 2"放在"图层 1"的上面，然后用"魔棒工具"选取"图层 2"的空白处，选择"选择"→"反向"命令，把树叶选中。再选择"选择"→"修改"→"收缩"命令，把收缩参数设置为"6"像素，按 Delete 键删除选区内的像素，按"Ctrl+D"组合键取消选择，效果如图 2-44 所示。

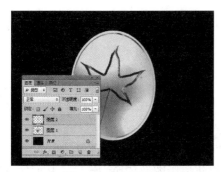

图 2-44　树叶效果

图 2-45　"选取相似"效果

（4）将图像"素材图像 8"作为当前编辑图像，将"魔棒工具"属性栏中的"容差"设置为"80"像素，直接选取蓝色小球；选择"选择"→"选取相似"菜单命令，若没有全部选中，可以再次选择"选择"→"选取相似"命令，直到把蓝色小球全部选中为止，效果如图 2-45 所示，该选择过程需要经验和耐心。

（5）按"Ctrl+C"组合键进行复制，然后单击"素材图像 7 副本"，使之作为当前编辑图像，按"Ctrl+V"组合键进行粘贴，形成新的图层命名为"图层 3"，把它移动到"背景图层"与"图层 1"中间，"图层"面板如图 2-46 所示。

（6）单击"图层 1"，使之为当前编辑图层，鼠标"右击"后选择"混合选项"命令，在"图层样式"对话框中，选中"外发光"复选框，参数设置为："颜色"为"白色"，

图 2-46　"图层"设置

37

"扩展"为"3"，"大小"为"58"像素，如图 2-47 所示。

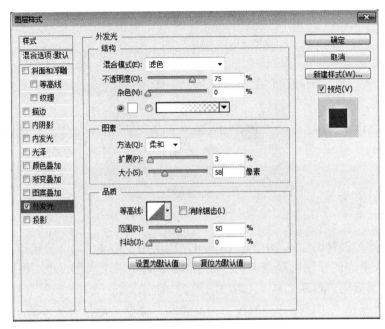

图 2-47 "图层样式"设置

（7）最终效果如图 2-42 所示，将最后完成的效果图以"混合立体效果"为文件名保存在指定文件夹中。

2.3 快速蒙版

"快速蒙版"是一种"选区转换"工具，它能将"选区"转换成为一种临时的"蒙版图像"，此时可用画笔、滤镜、钢笔等工具编辑蒙版，随后再将蒙版图像转换为选区，从而实现编辑选区的目的。详细介绍见"第 8 章 通道与蒙版的应用"内容。

2.4 细化选区

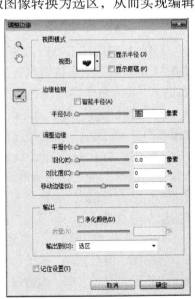

选择毛发等细微的图像时，一般先用"魔棒工具""快速选择工具"或者"色彩范围"等工具创建一个大致的选区，再使用"调整边缘"命令对选区进行细化，从而选中对象。"调整边缘"命令还可以消除选区边缘周围的背景色、改进蒙版，以及对选区进行扩展、收缩、羽化等处理。

执行"选择"→"调整边缘"命令，打开"调整边缘"对话框，如图 2-48 所示。

图 2-48 "调整边缘"对话框

"视图"：该选项将提供"闪烁虚线""叠加""黑底""白底""黑白""背景图层""显示图层""显示半径"和"显示原稿"等选项，单击"视图"按钮，在其下拉列表中选择一种视图模式，便能更好地观察选区的调整结果，如图 2-49 所示。

图 2-49　"视图"下拉列表

2.5　自由变换

选择"编辑"→"变换"菜单命令，可打开图 2-50 所示的命令菜单。利用这个菜单里的命令可以变换图像，也可以直接按"Ctrl+T"组合键进行自由变换。如图 2-51 至图 2-54 所示，分别是执行了"缩放""扭曲""透视""旋转 180 度"变换命令的效果。

图 2-50　"变换"子菜单

图 2-51　"缩放"效果

图 2-52　"扭曲"效果

图 2-53　"透视"效果

图 2-54　"旋转 180 度"效果

2.6 项目实训

2.6.1 项目实训 1 —— 圆球绘制

[案例说明]

本案例将制作出如图 2-55 所示的立体圆球效果。本例主要用到"椭圆选框工具""渐变填充工具""填充"及"新建图层"等工具和命令操作完成。扫一扫二维码 2-1，可观看实操演练过程。

图 2-55　圆球效果

二维码 2-1

[制作步骤]

（1）点按"Ctrl+N"或执行"文件"→"新建"命令创建一新文件，在弹出对话框中进行适当设置：输入图像的"名称"为"圆球"；将"宽度"和"高度"都设置为"8"厘米，其他为默认设置，如图 2-56 所示，单击"确定"按钮后创建新文件。

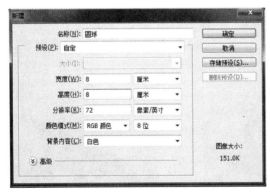

图 2-56　新建文件

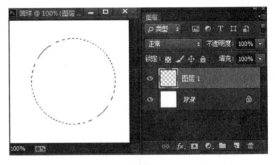

图 2-57　绘制正圆选区

（2）单击"图层"控制面板右下方的"创建新图层"按钮，新图层命名为"图层 1"；在工具栏中选中"椭圆选框工具"，先按住 Shift 键，在画面中绘制一正圆形选区（然后松开鼠标左键，最后再松开 Shift 键），如图 2-57 所示。

（3）前景色为黑色，背景色为白色，选择工具箱中的"渐变工具"，在渐变工具的选项栏中单击渐变设置按钮，选择"从前景色到背景色渐变"效果，然后单击工具选项栏中的"径向渐变"按钮。在弹出对话框设置，如图 2-58 所示。

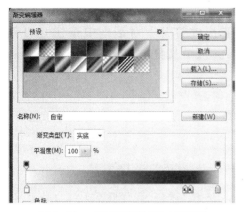
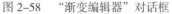

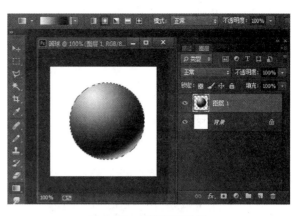

图 2-58　"渐变编辑器"对话框　　　　　　　　图 2-59　填充渐变效果

（4）在图像选区的左上方至右下方拉出渐变色，效果如图 2-59 所示。

（5）点按"Ctrl+D"或执行"选择"→"取消选择"命令将选区去掉，制作完成，效果如图 2-55 所示。

2.6.2　项目实训 2 —— 嫩叶与枯根合成效果

[案例说明]

本案例将制作出如图 2-60 所示的合成图像效果。本例主要应用了"选区工具""魔棒工具""选取相似""变换""裁剪工具""复制"及图层的"次序变换"等命令操作完成。扫一扫二维码 2-2，可观看实操演练过程。

图 2-60　嫩叶与枯根合成效果

二维码 2-2

[制作步骤]

（1）选择"文件"→"打开"菜单命令，在弹出"打开"对话框中按住 Ctrl 键选中"素材图像 9""素材图像 10""素材图像 11"三个文件，单击"打开"按钮，如图 2-60 所示。

（2）将"素材图像 10"文件作为当前编辑图像，单击"魔棒工具"，"容差"设置为"25"左右，点选图中的绿草，再选择"选择"→"选取相似"命令，选中图中所有绿色的；然后选择"选择"→"反向"命令，如图 2-61 所示。

图 2-61　反选　　　　　　　　　　　　　　图 2-62　粘贴

（3）选择"编辑"→"复制"命令，然后点击"素材图像 9"文件，将其作为当前编辑图像，按"Ctrl+V"组合键粘贴，形成一个新的图层，并命名为"图层 1"，如图 2-62 所示。

（4）将"图层 1"作为当前编辑图层，选择"编辑"→"变换"命令调整树根的大小，有一些不需要的部分可以用"套索工具"选择，然后删除；将"素材图像 9"文件作为当前编辑图像，使用"裁剪工具"对该图进行裁剪，处理后效果如图 2-63 所示。

图 2-63　裁剪　　　　　图 2-64　选择树叶　　　　　图 2-65　"图层"面板

（5）将文件"素材图像 11"作为当前编辑图像，用"魔棒工具"选取绿叶部分，倘若不能完全选择绿叶，则选择"选择"→"选取相似"命令，选中图中绿叶，处理后效果如图 2-64 所示，再"编辑"→"复制"命令，单击文件"素材图像 9"为当前编辑图像，选择"编辑"→"粘贴"命令，把结果复制过来，形成新的图层，命名为"图层 2"，并调整绿叶的大小和图层的位置，得到"枯木逢春"的效果，"图层"面板如图 2-65 所示，效果如图 2-60 所示。

（6）将最后完成的效果图以"嫩叶与枯根合成"为文件名保存在指定目录中。

2.6.3　项目实训 3 —— 信封绘制

[案例说明]

本案例效果如图 2-66 所示。本例主要应用"选框工具""油漆桶工具""自由变换""网格""图层样式""文字工具""描边""钢笔工具"及"填充"等命令操作完成。扫一扫二维码 2-3，可观看实操演练过程。

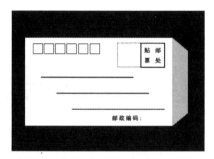

图 2-66　信封效果图

二维码 2-3

[制作步骤]

（1）按 D 键及 X 键，把前景色 / 背景色设置为白色 / 黑色。执行"文件"→"新建"命令，在"新建"对话框中设定图像"宽度"为 16 厘米，"高度"为 12 厘米，"分辨率"为 72 像素 / 英寸，模式为"RGB 颜色"，"背景内容"为"背景色"，如图 2-67 所示，单击"确定"按钮。

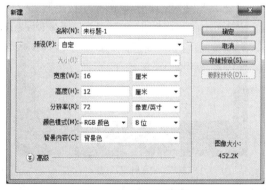

图 2-67　新建文件图

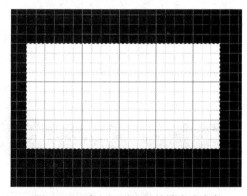

图 2-68　建立矩形选区并填充为白色

（2）执行"视图"→"显示"→"网格"命令，在工作区中图像编辑窗口中显示网格，便于描绘使用。

（3）单击"图层"面板中"创建新图层"按钮 ，新图层命名为"图层 1"，使用工具箱中的"矩形选框工具"，在图像编辑窗口中绘制类似信封大小比例的选区，单击工具箱中的"油漆桶工具"，在工作区中图像编辑窗口选区内单击，将选区填充为白色，如图 2-68 所示，按"Ctrl+D"组合键取消选区。

（4）单击"图层"面板中的"图层 1"，使之成为当前编辑图层，使用工具箱中的"矩形选框工具"，在图像编辑窗口中绘制类似信封封口大小比例的选区，按"Ctrl+X"组合键剪切，按"Ctrl+V"组合键粘贴，形成新的图层并命名为"图层 2"。使用"移动工具"把图层 2 中的图像移动到原来的位置。图像效果仍如图 2-68 所示，"图层"面板如图 2-69 所示。

图 2-69　"图层"面板

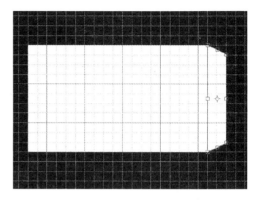

图 2-70　绘制信封口

（5）单击"图层"面板中的"图层 2"，使之成为当前编辑图层，按"Ctrl+T"组合键进行自由变换，右击并在弹出菜单中选择"透视"命令。变形后效果为如图 2-70 所示，在工具箱中任意单击鼠标，弹出对话框，单击"应用"按钮。

（6）将"前景色"设置为浅灰色（R=200，G=200，B=200），单击工具箱中的"油漆桶工具"，在图像编辑窗口单击刚自由变换的白色像素选区，把选区填充为灰色，效果如图 2-71 所示。

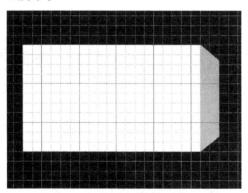

图 2-71　信封口填色图

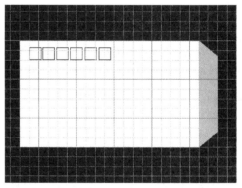

图 2-72　信封邮编方格绘制

（7）单击"图层"面板中"创建新图层"按钮 ⬜，新图层命名为"图层 3"，单击工具箱中的"矩形选框工具"，在"矩形选框工具"属性栏中，"羽化"设置为 0 像素，在"样式"下拉列表框中选取"固定大小"，宽度和高度均设置为"23"像素。在信封的左上角绘制一个填写邮编号码的小方框选区。

按 D 键把前景色设置为黑色，执行"编辑"→"描边"命令，在"描边"对话框中，将描边宽度设为 1 像素，单击"确定"按钮。按"Ctrl+D"组合键取消选区。

在"图层"面板中把图层 3 多次拖到"创建新图层"按钮进行复制，并把复制的图层分别命名为"图层 4 ~ 图层 8"；单击工具箱中的"移动工具"，分别单击"图层 4 ~ 图层 8"中的每个图层作为当前编辑图层，按"→"键进行水平移动，把各图层移动到合适的位置，组成收件方邮编号码填写小方框。执行"图层"→"向下合并"命令，把"图层 3 ~ 图层 8"

合并为一个图层，并命名为"图层 3"，效果如图 2-72 所示。

（8）单击"图层"面板中"创建新图层"按钮 ，新图层命名为"图层 4"，单击"图层 4"，使之成为当前编辑图层。单击工具箱中的"直线工具"，在"直线工具"属性栏中，单击"选择工具模式"为"像素"，"粗细"设置为 2 像素，其他参数选择默认，属性栏设置如图 2-73 所示，依次在工作区中图像编辑窗口绘制出如图 2-74 所示的 3 条直线。

图 2-73　"直线工具"属性栏设置

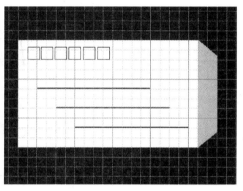

图 2-74　信封地址线条绘制

（9）单击"图层"面板中"创建新图层"按钮 ，新图层命名为"图层 5"，单击图层 5，使之成为当前编辑图层。单击工具箱中的"矩形选框工具"，在"矩形选框工具"属性栏中，"羽化"设置为 0 像素，在"样式"下拉列表框中选取"正常"，在信封的右上角绘制一个贴邮票的小方框选区。在图像编辑窗口中，右击并在弹出菜单中执行"建立工作路径"命令，如图 2-75 所示。在弹出的"建立工作路径"对话框中，"容差"设置为 1 像素，单击"确定"按钮，把选区转换为工作路径。

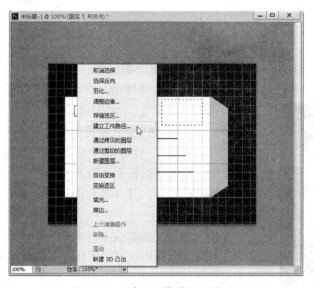

图 2-75　"建立工作路径"设置

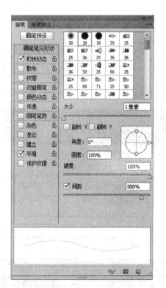

图 2-76　"画笔"面板设置

（10）单击工具箱中的"画笔工具"，打开"画笔"面板，选取画笔为"尖角30"，将其"大小"调整为1，间距设置为500%，其他采用默认值，如图2-76所示。按右下角"创建新画笔"按钮，将画笔命名为"尖角1"，单击"确定"按钮保存，如图2-77所示，然后在"画笔"工具属性栏中选择画笔"尖角1"，如图2-78所示。

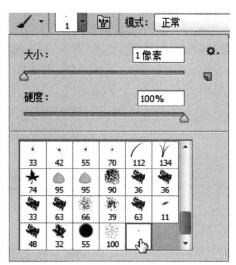

图 2-77 "创建新画笔"设置

图 2-78 创建新画笔

（11）单击工具箱中的"钢笔工具"，然后在工作区中图像编辑窗口中右击并在弹出菜单中选择"描边路径"命令，在"描边路径"对话框中选择"画笔"（"描边路径"对话框如图2-79所示），单击"确定"按钮。单击"路径"面板，把工作路径拖至"删除当前路径"按钮上进行删除。

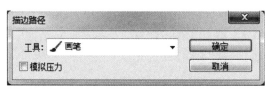

图 2-79 "描边路径"对话框

（12）单击"图层"面板，点击"图层5"使之成为当前编辑图层。单击工具箱中的"矩形选框工具"，在"矩形选框工具"属性栏中，"羽化"设置为0像素，在"样式"下拉列表框中选取"正常"，在信封的右上角绘制一个邮票大小的选区。按D键把前景色设置为黑色，执行"编辑"→"描边"命令，在"描边"对话框中，描边宽度设为2像素，单击"确定"按钮。按"Ctrl+D"组合键取消选区。效果如图2-80所示。

（13）单击"横排文字工具"，在"横排文字工具"属性栏中选择"黑体"，加粗字形，文字大小为"13"点，字符间距设置为"200"，"字符"面板如图2-81所示，在工作区中图

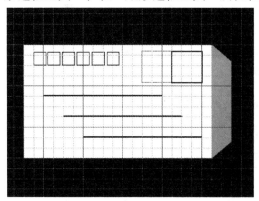

图 2-80 "描边"

像编辑窗口的下面输入文字"邮政编码："，并用"移动工具"移动到合适的位置。

图 2-81　"文字"设置对话框

图 2-82　"图层"面板

（14）在工作区中图像编辑窗口粘贴邮票框内输入"贴邮票处"，并调整 4 个字的位置，"图层"面板效果如图 2-82 所示；选择"视图"→"显示"→"网格"命令，取消网格，效果如图 2-66 所示。

（15）单击"文件"→"另存为"，将最后完成的效果图以"信封"为文件名保存在指定文件夹中。

第 3 章

图像颜色与色彩调整

本章主要学习与色彩有关的基本知识及 Photoshop 在进行色彩调整与处理时常用的命令和方法；以便使用 Photoshop 系列工具改变色调和图像中的色彩平衡，消除图像中不完善的地方，使得图像的效果更加自然和丰富多彩。

3.1　色彩基本知识

色彩是光刺激眼睛所产生的视感觉，它能使人产生情感上的联想，通过颜色的冷暖、强弱变化产生色彩的韵律，以达到画面的整体统一。色彩的运用是 Photoshop 在实践应用中的重要组成部分。

3.1.1　色彩三要素

色彩三要素一般是指色相、明度、纯度，在色彩调配中作用非常重要，如图 3-1 所示。

● 色相：指色彩的相貌和主要倾向，如红、黄、蓝、绿、紫等。

● 明度：指色彩的明暗或深浅程度。同样的纯度，黄色明度最高，蓝色最低，红绿色居中。

● 纯度：指色彩的饱和度。红色纯度最高，纯度最低的是蓝、绿色。

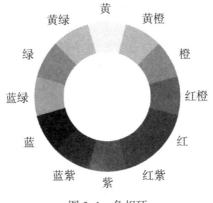

图 3-1　色相环

3.1.2　颜色基本类别

- 有彩色系：指红、橙、黄、绿、青、蓝、紫等。
- 无彩色系：无彩色系有黑、白、灰三色，色度学上称为黑白系列。
- 特殊色系：又叫专色色系，指的是金、银两色。
- 三原色：是指红、黄、蓝 3 种颜色，也称母色，将它们以适当比例混合，可以得出全部色彩，并且它们自身不能被别的色彩调和而成（红、黄、绿 3 种颜色为光的三原色）。
- 三间色：三原色中任何两种原色相调和而成为间色，又称为第 2 次，如橙、绿、紫。
- 复色：原色与间色、间色与间色相混合而产生的颜色称为复色。使用 3 种颜色按不同的比例混合，亦可调出复色。
- 同类色：两种以上的颜色，其主要的色素倾向比较接近，都含有同一色素的颜色称为同类色。如：柠檬黄、淡黄、中黄、土黄，可称为同类色；朱红、大红和玫瑰红，可称为同类色；湖蓝、群青、酞菁蓝、普蓝也可称为同类色。
- 类似色：含有少量共同色素的，在色相上互相邻边的各种颜色称为类似色。如：红与橙、黄与绿、青与紫等。
- 对比色：在色相上相对应的颜色（包括其邻近的颜色）称为对比色。如：绿对应红（包含相邻的红橙、黄绿色）、黄对应紫（包含相邻的黄橙、蓝紫）。
- 补色：亦称强对比色，在色相环上，任何直径两端相对的色都称为补色。最强的补色对比在色环上有 3 对，即黄与紫、橙与蓝、红与绿。

3.1.3　色彩对比

色彩的对比可分为同时对比和继续对比两类。同时对比指色彩的对比，即两种以上的色彩并置在一起所形成的对照现象，其又分为以下几种。

- 色相对比：如黄色与蓝色对比，则黄色看上去显得更亮，蓝色显得更暗；将两块相同的橙色分别放在黄色底上和红色底上，则红底上的橙色偏黄，黄底上的橙色偏红。
- 明度对比：如果将两块灰色分别放置于黑底和白底上，黑底上的灰显得亮，而白底上的灰则显得暗。
- 彩度对比：当鲜艳的颜色和灰色并置时，鲜艳的颜色就会显得更鲜艳，灰暗的颜色就会变得更灰暗。
- 冷暖对比：如橙色与蓝色并置，橙色会显得更暖，蓝色则更冷。
- 面积对比：面积大小不同的色并置，大面积的色容易形成调子，小面积的色易突出。
- 继续对比：指先看了一个颜色后，再看另一个颜色，因前色的影响使后色起了变化。如看了黑底上的红色图形再看白墙时，则白墙更白，红色图形变成了青绿色图形，如果看了红色再看黄色，黄色便变成了黄绿色（混合了红色的补色——绿色）。

3.1.4　色彩协调

如果觉得画面的色彩不协调时，采用的方法很多，可以使用如下几种方法以达到协调的效果。

● 改变面积对比：一般把主体色面积适当加大，适当减少其他色。

● 加入黑、白、灰：在原画面中适当加入黑、白、灰三色中的一种或两种，必要时增加 3 种也可以。

● 降低色彩明度：降低画面中某一色彩或多色的明度，也可以通过降低纯度达到想要的效果。

● 如果对画面色彩可以做大的改动，也可以换用有彩色系中其他的色彩进行搭配，使其具有协调的感觉。

3.1.5　色彩联想

色彩本身并无感情，色彩的联想是由于人们对某些事物的联想所形成的。由于民族、地区、职业、年龄、性别、文化程度等条件不同，各人的联想也不相同。联想又分为具象联想与抽象联想，抽象联想较多地出现于成人中。

1. 具象联想

具象联想指的是人的视觉作用于某种色彩而联想到自然环境里具体的相关事物。

● 红色：使人联想到太阳、血、火焰、战争等。

● 绿色：使人联想到草、田园、平原等。

● 黄色：使人联想到柠檬、水仙等。

● 蓝色：使人联想到蓝天、水、海等。

● 橙色：使人联想到日落、火焰、夕阳等。

● 紫色：使人联想到仪式、梦等。

● 白色：使人联想到雪、白云、日出、白纸等。

● 黑色：使人联想到黑夜、墨等。

2. 抽象联想

抽象是相对具象而言的，指从具体事物中抽取出来的相对独立的各个方面、属性、关系等，是视觉作用于色彩引起的概念联想。如白色给人的抽象联想一般是清洁、神圣等，红色一般是热情、革命等。

3.1.6　色彩象征性

色彩一般具有象征性，不同的国家、民族、地方等对不同色彩赋予其象征意义也或多或少有其不同。如黄色，在中国有权力的象征性，但在西方国家就没有这种象征意义。

● 红色：活泼、热烈、力量、暖和、喜庆、吉利、危险、禁止、革命等。

● 黄色：明亮、高贵、权力、快活、希望、自信、猜疑、色情等。

● 蓝色：高贵、安静、友善、典雅、忠诚、祥和、庄重、永恒、保守、冷淡等。

● 绿色：自然、新鲜、生命、和平、理想、可靠、信任、平凡、活力、朝气、忌妒等。

● 橙色：光明、温暖、华丽、甜蜜、兴奋、冲动、欲望、忌妒、怨恨等。

● 紫色：优雅、高贵、庄重、温柔、浪漫、娇艳、神奇、崇高、自傲、权力、恐惧等。

● 黑色：威严、公正、阳刚、庄重、大方、恐惧、危险等。

● 白色：清纯、天真、喜悦、忠诚、宁静、光明等。

● 灰色：柔和、平凡、含蓄、消极等（其中，深灰：暗淡、衰老、深沉等；浅灰：有文化、有品位、高雅）。

3.2 常用色彩工具

3.2.1 油漆桶工具

使用"油漆桶工具" ◇ 并设置其参数后，在需要填充颜色或图案处单击，即可填充前景色或图案。单击"油漆桶工具"，在屏幕的右上侧便弹出"油漆桶工具"选项栏，如图 3-2 所示。

图 3-2 "油漆桶工具"选项栏

其中各参数的含义如下所述：

●填充：在该下拉列表中选择填充的方式。选择"前景"选项，将一切前景色填充；选择"图案"选项，其后的"图案"下拉列表框被激活，以图案的方式进行填充。

●模式：在该下拉列表中可以选择"油漆桶工具"填充颜色或图案的混合模式。

●不透明度：在该数值框中输入数值，可控制填充的图像的不透明度。

●容差：该选项用来设定色差的范围，通常以单击处填充点的颜色为基础，数值越大，容差越大，填充的区域就越大。

●消除锯齿：选择该复选框，可以消除填充颜色或图案的锯齿状态。

●连续的：选择该复选框，一次只填充容差值范围内的与单击点相连的颜色；如果未选择此复选框，可以一次性填充图像中所有容差值范围内的颜色区域。

●所有图层：选择该复选框，将填充的操作作用于所有的图层，否则，只作用于当前图层。如果当前图层被隐藏，则不能进行填充。

★ 温馨提示：如果需要"前景色"填充，最好按"Alt+Delete"组合键填色，因为使用"油漆桶工具"有时需要填几次才能填好。

3.2.2 渐变工具

渐变工具有 5 种类型，包括"线性"渐变工具、"径向"渐变工具、"角度"渐变工具、"对称"渐变工具和"菱形"渐变工具；这些渐变工具用于创建不同颜色间的混合过渡渐变的效果，其操作步骤如下：

● 在工具箱中选择"渐变工具"。

● 在 5 种渐变类型 中，选择合适的渐变类型。

● 单击"渐变效果框"下拉菜单，在弹出的如图 3-3 所示的"渐变类型"控制面板

图 3-3 "渐变编辑器"对话框

中选择合适的渐变效果。

● 设置渐变工具选项条中的其他选项。

● 在图像中拖动渐变工具，即可创建渐变效果。

1. 渐变工具选项条

选择"渐变工具"，属性栏将显示如图 3-4 所示的状态。

图 3-4　"渐变工具"属性栏

2. 创建透明渐变

在 Photoshop 中用户除了可以创建不透明的实色渐变外，还可以创建具有透明效果的渐变。创建具有透明效果的渐变，可以按下述步骤操作：

（1）按照创建实色渐变的方法创建一个实色渐变。

（2）在渐变条上方需要产生透明效果处单击，以增加一个不透明色标。

（3）在该透明色标处于被选中状态时，在"不透明度"数值框中输入数值以定义其透明度。

（4）如果需要在渐变条的多处产生透明效果，可以在渐变条上多次单击，以增加多个不透明色标。

（5）如果需要控制由两个不透明色标所定义的透明效果间的过渡效果，可以拖动两个色标中间的菱形滑块。

3. 创建杂色渐变

除了创建平滑渐变外，"渐变编辑器"对话框还允许定义新的杂色渐变，即在渐变中包含用户所指定的颜色范围内随机分布的颜色。

（1）选择渐变工具。

（2）单击其选项条中的渐变类型选择框，以调出"渐变编辑器"对话框。

（3）在"渐变类型"下拉列表中选择"杂色"选项，如图 3-5 所示。

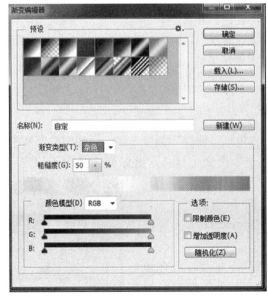

图 3-5　选择"杂色"选项的"渐变编辑器"对话框

（4）在"粗糙度"数值框中输入数值或拖动其滑块，可以控制渐变的粗糙程度。数值越大则颜色的对比度越明显。

（5）在"颜色模型"下拉列表中可以选择渐变中颜色的色域。

（6）要调整颜色范围，可拖动滑块。对于所选颜色模型中的每个颜色组件，都可以拖动滑块来定义可接受值的范围。例如，如果选择 HSB 模型，则可以将渐变限制为蓝绿色调、高饱和度和中等亮度。

（7）选择"限制颜色"选项可以避免杂色渐变中出现过于饱和的颜色。

（8）选择"增加透明度"选项可以创建出具有透明效果的杂色渐变。

（9）单击"随机化"按钮可以随机得到不同的杂色渐变。

4. 存储渐变

将一组预设渐变存储为渐变库，可按如下步骤操作：

（1）单击"渐变编辑器"对话框右侧的"存储"按钮。

（2）在弹出的"存储"对话框中选择文件保存的路径并输入文件名称。

（3）设置完毕后，单击"保存"按钮即可。

5. 载入渐变

载入以文件形式保存的预设渐变库，可以执行下列操作之一：

（1）单击"渐变编辑器"对话框右侧的"载入"按钮，在弹出的对话框中选择要载入的渐变，单击"载入"按钮即可。

（2）单击"渐变编辑器"对话框右上方的三角形按钮，在弹出的菜单中选择"替换渐变"命令，在弹出的对话框中选择要载入的渐变，并单击"载入"按钮即可。

（3）单击"渐变编辑器"对话框右上方的三角形按钮，在弹出的菜单底部选择需要的渐变预设，单击"确定"按钮，则替换当前的渐变预设；单击"取消"按钮，则放弃载入渐变；单击"追加"按钮，可以将所选渐变追加至当前渐变预设中。

6. 复位默认渐变

要将当前的渐变预设复位至默认的渐变，可以单击"渐变编辑器"右上方的三角形按钮，在弹出的菜单中选择"复位渐变"命令，在弹出的提示对话框中单击"确定"按钮即可。

Photoshop 除了自带丰富渐变类型外，用户还可以自定义新渐变，以配合图像的整体效果。

3.2.3　吸管工具

在处理图像时，使用吸管工具 ![吸管工具图标] 可以从图像中获取颜色。其使用方法是：首先单击工具箱中的吸管工具，然后单击图像中的取色位置。吸管工具只能设置前景色。

此外，利用吸管工具属性栏，用户还可设置取样大小。其中，包括按点采样、3 像素 ×3 像素平均和 5 像素 ×5 像素平均 3 种方式。

为了便于用户了解某些点的颜色数值以方便颜色设置，Photoshop 还提供了一个颜色取样器工具，用户可利用该工具查看图像中若干关键点的颜色值，以便在调整颜色时参考。

3.3 前景色/背景色

在图像处理中，主要通过工具箱中的"默认前景色和背景色"按钮█选取颜色，前景色和背景色位于工具箱下方的颜色选取框中，如图 3-6 所示。前景色用于显示和选取绘图工具当前使用的颜色，背景色用于显示和选取图像的底色。

● "前景色和背景色切换"按钮█：单击该按钮或按 X 键，可以交换前景色和背景色的颜色。

● "默认前景色和背景色"按钮█：单击该按钮或按 D 键，可以使前景色和背景色回到默认状态（前景色默认为黑色，背景色默认为白色）。

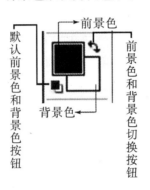

图 3-6 "前景色"与"背景色"

3.4 "色彩修饰"菜单命令的分类

在 Photoshop 中，色彩修饰一般通过"图像"菜单下各命令来实现，这些菜单命令主要是指调整图像色调和颜色。色彩调整的工具一般放在"图像"菜单→"调整"子菜单中，如图 3-7 所示。部分常用菜单命令可通过选择"窗口"→"调整"菜单命令，在弹出的"调整"面板中选择，如图 3-8 所示。

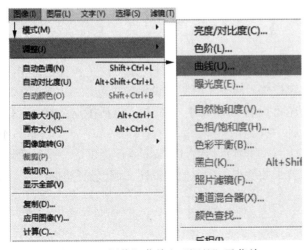

图 3-7 "图像"菜单和"调整"子菜单

图 3-8 "调整"面板

这些菜单命令主要分为以下几种类型。

● 调整颜色和色调的菜单命令："色阶"和"曲线"菜单命令可以调整颜色和色调，它们是最重要、最强大的调整菜单命令；"色相/饱和度"和"自然饱和度"菜单命令用于调整色彩；"阴影/高光"和"曝光度"菜单命令则可以方便地调整色调。

● 匹配、替换和混合颜色的菜单命令："匹配颜色""替换颜色""通道混合器"和"可选颜色"菜单命令可以匹配多个图像之间的颜色，替换指定的颜色或者对颜色通道做出调整。

● 快速调整菜单命令："自动色调""自动对比度"和"自动颜色"菜单命令能够自动调整图片的颜色和色调，可以进行简单的调整，适合初学者使用；"照片滤镜""色彩平衡"和"变化"是用于调整色调的菜单命令，使用方法简单和直观；"亮度/对比度"和"色调变化"菜单命令用于调整色调。

● 应用特殊颜色调整的菜单命令："反相""阈值""色调分离"和"渐变映射"是特殊的颜色调整菜单命令，它们可以将图片转换为负片效果、简化为黑白图像，分离色彩或者用渐变颜色转换图片中原有的颜色。

3.5　"色彩修饰"的基本操作方法

在 Photoshop 中，进行颜色调整前一般要进行颜色模式的转换，可以选择"图像"菜单→"模式"级菜单中的命令来完成，如图 3-9 所示。

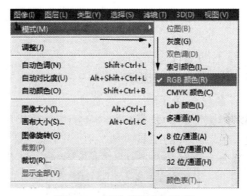

图 3-9　色彩"模式"选项

3.5.1　图像的"模式转换"

在图 3-9 所示的"模式"级菜单中，分别选择"位图""RGB 颜色"等选项中的一种，就可以将当前图像转化为对应色彩模式的图像。当菜单命令显示为灰色时，表示该颜色模式暂时不能使用，例如在图 3-9 所示的"模式"级菜单中，"位图"模式是灰色的，暂时不能使用，只有把图像转换为"灰度"模式后，才能转换为"位图"模式。当转换为索引模式时，可以打开索引颜色的颜色表，即将所有的索引颜色显示出来的表，通过"图像"→"模式"→"颜色表"菜单命令，在弹出的对话框中可以查看预设一些索引色彩，如图 3-10 所示。通过"颜色表"对话框，可以选择颜色表的类型，将颜色表中的某种颜色设置为透明或者替换成另外一种颜色，以及将一组颜色设置为渐变色等以产生特殊效果。

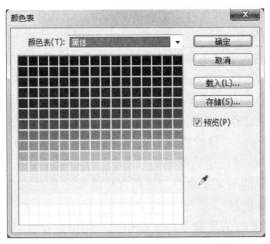

图 3-10 索引模式中"颜色表"对话框

1. 转换为位图模式

位图模式适合于那些只由黑、白两色构成且没有灰色阴影的图像。该模式使用两种颜色值（黑色或白色）之一表示图像中的像素。位图模式下的图像被称为位映射 1 位图像，因为其位深度为 1。选择"图像"→"模式"→"位图"命令，弹出如图 3-11 所示的对话框。

图 3-11 "位图"对话框

在"方法"选项中选择不同的命令能得到很多有趣的效果，在设计中可以适当加以运用。如图 3-12（a）为"素材图像 12"，图 3-12（b）为应用"图案仿色"后的效果，图 3-12（c）为应用"半调网格"后的效果。

（a）"位图"原始图像　　　　（b）"图案仿色"效果　　　　（c）"半调网格"效果

图 3-12

要将文字或漫画等扫描进计算机，一般可以将其设置成位图形式。这种形式通常也被称为黑白艺术、位图艺术或一位元艺术。按这种方式扫描图像的速度快，并且产生的图像文件小，易于操作，但它所获取的原始图像信息很有限。

要将图像转换为位图模式，必须首先将图像转换为灰度模式，然后再由灰度模式转换为位图模式。

2．转换为 CMYK 颜色模式

选择"图像"→"模式"→"CMYK 颜色"菜单命令，则将当前文件转换为"CMYK"颜色模式图像。转换后图像视觉效果不会有明显的变化，但是"RGB"颜色模式的图像是由红、绿、蓝 3 种颜色混合而成的；"CMYK"模式是一种基于印刷处理的颜色模式，是由青（Cyan）、洋红（Magenta）、黄（Yellow）、黑（Black）4 种油墨组合出一幅彩色图像。

3．转换为 RGB 模式

在 Photoshop 中，许多工具和滤镜不能用于"索引"模式图像和"黑白"模式图像，也有一些滤镜不能用于"灰度"模式图像。如果要加工"索引"图像，或想给一幅"灰度"模式图像着色时，都要将当前图像转换成"RGB"模式图像。除"黑白"模式图像外，所有图像都能直接转换成"RGB"颜色模式图像。"黑白"模式图像要先经过转换变为"灰度"模式图像后，才能转换成"RGB"颜色模式图像。

打开"索引"模式图像，选择"图像"→"模式"→"RGB"菜单命令，可把当前文件转换为"RGB"颜色模式图像，其前后对比效果如图 3-13 所示。

（a）原始图像　　　　　　　　　　　　（b）调整后的效果

图 3-13　从"索引"模式转换为"RGB"颜色模式的前后效果

4．转换为双色调模式

在"灰度"模式下，选择"图像"→"模式"→"双色调"菜单命令，在弹出"双色调选项"对话框中设置参数，如图 3-14（a）所示，然后单击"确定"按钮，则把当前文件转换为双色调模式图像，其前后效果如图 3-14（b）及图 3-14（c）所示。

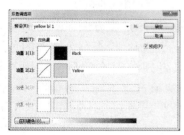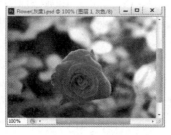

（a）"双色调选项"对话框　　　（b）灰度模式效果　　　（c）双色调模式效果

图 3-14　"双色调选项"对话框及转换为"双色调"模式前后的效果

由此可见，双色调模式采取一组曲线来设置各种颜色的油墨，可以得到比单一通道更多的色调层次，能在打印中表现更多的细节。

3.5.2 图像颜色调整

Photoshop 拥有强大的色彩调整功能，使用这一功能可以很方便地改变图像的颜色、校正图像色彩的明暗度、分解色调等；而且还可以处理曝光照片、恢复旧照片、为黑白的图像上色。

调整色彩命令都集中在菜单"图像"→"调整"子菜单中，因此，要实现关于色彩调整的操作，直接在子菜单中选择相关命令即可。

1. 自动校正命令

在"图像"→"调整"子菜单中，Photoshop 提供了"自动颜色""自动色阶""自动对比度"3 个自动调整色彩的命令，这些命令可以根据图像的色彩自行调整颜色、色阶或对比度。

（1）自动颜色：要快速地校正图像颜色，可以选择"图像"→"调整"→"自动颜色"命令，这时系统自动对图像的色相进行判断并调整，最终使整幅图像的色相均匀，或使偏色的图像得到纠正。

（2）自动色阶：图像色阶所保存的信息主要是图像色彩的明暗分布信息，因此对于一些看起来发灰、色彩暗淡的图像或照片而言，选择"图像"→"调整"→"自动色阶"命令，Photoshop 就能够通过定义每个颜色通道中的最亮和最暗像素来定义整幅图像的白点和黑点，然后按这个比例重新分布中间像素值的色调，从而去除多余灰调，使图像更清晰、自然。

（3）自动对比度：如果一幅图像颜色间的对比度偏小，则会使图像看上去比较模糊、不清晰。对于这种图像，可以选择"图像"→"调整"→"自动对比度"命令，Photoshop 会根据图像的明暗色调重新调节其颜色的对比度，使图像轮廓清晰起来。

利用"自动对比度"命令调整图像对比度，将改变图像颜色的色值。因此，在使用时要注意，高分辨率输出时，图像会有一点失真。

2. 自定义调整

使用"色阶""曲线""渐变映射"等命令，可以根据我们的需要自行决定色彩调整或创建图像特殊的明暗分布等效果。

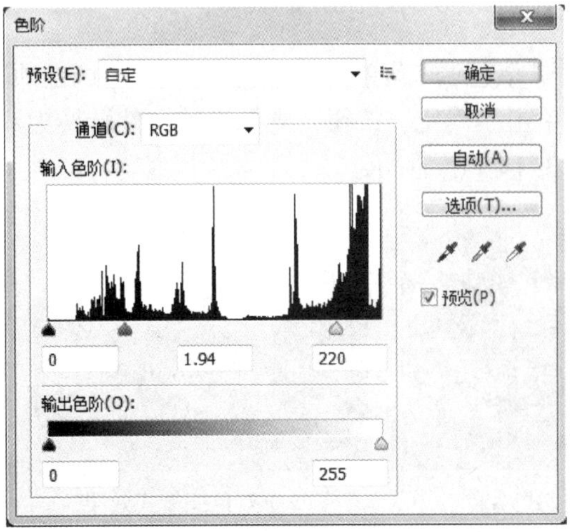

图 3-15　"色阶"对话框

（1）色阶：色阶调整是指调整图像中的颜色或者颜色中的某一个成分的亮度范围。这种调整只能针对整幅图像进行，而不能单独调整该图像某一种颜色的色调。

选择"窗口"→"直方图"菜单命令，打开"直方图"面板，检查整个图像的色调分布后，如果发现色调有问题，就用"色阶"菜单命令来修改。选择"图像"→"调整"→"色阶"菜单命令，弹出如图 3-15 所示的"色阶"对话框，从中可以进行调整。

利用"色阶"菜单命令可以修改图像的

亮度和暗度。在"色阶"对话框中，用鼠标拖动滑块或直接输入数值就可以调整亮度和暗度。"输出色阶"的取值范围为 0~255。对话框中有 3 个吸管图标，可以在图像中的任意区域取样，来设定最亮、最暗和中间值。"自动"按钮可以将色阶参数恢复到初始状态。

（2）曲线：曲线是比较常用的色调菜单命令，它和色阶的原理一样。

调出"曲线"菜单命令的方法：选择"图像"→"调整"→"曲线"菜单命令，即可弹出如图 3-16 所示的"曲线"对话框。

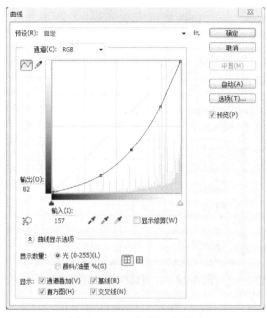

图 3-16　"曲线"对话框

在"曲线"对话框中，横坐标为输入色阶，纵坐标为输出色阶。"输入"和"输出"的值为光标所在位置的色阶。⌒和✐按钮是用来调整曲线的工具，可以通过拖动曲线的节点来定义，也可以画出曲线。

（3）渐变映射："渐变映射"命令可将图像的灰度范围映射到指定的渐变填充色，赋予图像新的颜色，以重新定义图像的明暗度及色彩分布情况。

选择"图像"→"调整"→"渐变映射"命令，弹出如图 3-17 所示的对话框。

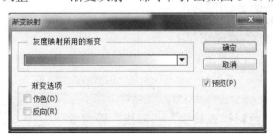

图 3-17　"渐变映射"对话框

●灰度映射所用的渐变：在该下拉列表框中选择渐变类型，也可以单击渐变类型图标，在弹出的"渐变编辑"对话框中自定义渐变。

●仿色：选择该项，将使"渐变的外观"平滑并减少"色带"效果，色带在输出后才可见。

●反向：选择该项，可以使渐变的方向反转。

如果当前文件是黑白图像，选择"渐变映射"命令后，系统将根据渐变的色调以黑、白、灰来分布图像映射效果。

（4）可选颜色："可选颜色"菜单命令能够增加和减少图像中的每个加色和减色的原色成分中印刷颜色的量，并且能够只改变某一主色中的某一印刷色的成分，而不影响该印刷色在其他主色中的表现，主要是针对红色、黄色、绿色、青色、蓝色、洋红、白色、中性色、黑色的组成来调整的。

选择"图像"→"调整"→"可选颜色"菜单命令，弹出如图 3-18 所示的"可选颜色"对话框，从中可对参数进行设置。

图 3-18　"可选颜色"对话框

每种颜色的比例在 -100%~100% 之间，可以根据"相对"和"绝对"两种方法来设置。"可选颜色"调整前后的效果如图 3-19 所示。

（a）原始图像　　　　　　　　（b）调整后的效果

图 3-19　"可选颜色"调整前后的效果

3. 色彩调整——"色彩模式转换""曲线"等命令的基本应用

[案例说明]

本案例将制作色彩调节的效果。最终效果如图 3-20 所示，花瓣为黄色，花蕊为红色，有草地。本例主要运用"曲线""可选颜色"等菜单命令操作完成。

图 3-20　完成效果

[制作步骤]

（1）Photoshop 工作窗口中空白处双击鼠标，打开图像文件"素材图像 13"。

（2）选择"图像"→"模式"→"RGB 颜色"菜单命令，将模式由"CMYK"颜色转换为"RGB"颜色。

（3）选择"图像"→"调整"→"曲线"菜单命令，在"曲线"对话框中，单击可编辑线条后，将"输入"设为"82"，"输出"设为"153"，单击"确定"按钮，如图 3-21 所示，效果如图 3-22 所示。

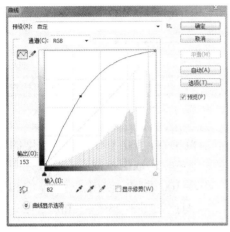

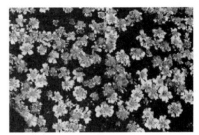

图 3-21　"曲线"设置　　　　　　　　图 3-22　"曲线"命令效果

（4）选择"图像"→"调整"→"可选颜色"菜单命令，在"可选颜色"对话框中，"颜色"下拉列表框选择为"黄色"，将黄色数值调整为 -98%，如图 3-23 所示。

图 3-23　"可选颜色"设置

（5）单击"确定"按钮后，效果如图 3-20 所示，将模式转换为"RGB"颜色，以"色彩调整"为文件名存储在指定的文件夹即可。

4.　调整色调和着色

要完全改变图像的色彩或为黑白图像着色，可以使用"色相／饱和度""亮度／对比度""色彩平衡""去色""变化"等命令，实现重新调整色调或为图像着色等功能。

（1）色相/饱和度：利用"色相/饱和度"命令，不但可以调整整张图像的色相和饱和度，还可以分别调整几种原色的色相和饱和度。选择"图像"→"调整"→"色相/饱和度"命令，弹出如图3-24所示的对话框。

图3-24　"色相/饱和度"对话框　　　　图3-25　"色相/饱和度"设置

色相的取值范围在-180~180之间，饱和度的取值范围在-100~100之间，明度的取值范围在-100~100之间。但如果选中"着色"复选框，则色相的取值范围在0~360之间。饱和度的取值范围在0~100之间，明度的取值范围在-100~100之间。使用"色相/饱和度"调整，"色相/饱和度"设置如图3-25所示，前后效果对比如图3-26（a）和图3-26（b）所示。

（a）原始图像　　　　（b）调整后的效果

图3-26　"色相/饱和度"调整前后效果对比

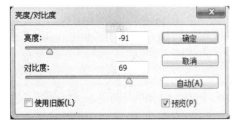

图3-27　"亮度/对比度"对话框

（2）亮度/对比度："亮度/对比度"是调整图像的亮度和对比度的菜单命令，它只能作用于图像中的全部像素，而不能做选择性处理，也不能作用于单个通道，并且不适于高档输出。

要调整图像整体的亮度/对比度，选择"图像"→"调整"→"亮度/对比度"命令，弹出如图3-27所示的对话框，亮度/对比度调整前后效果对比如图 3-28（a）和图 3-28（b）所示。

（a）原始图像　　　　　　　　　（b）调整后的效果

图 3-28　"亮度 / 对比度"调整前后效果对比

（3）色彩平衡：使用"色彩平衡"命令，可以在图像原色彩的基础上根据需要添加另外的颜色，以改变图像的原色彩。例如，可以通过为图像增加红色或黄色使图像偏暖，当然也可以通过为图像增加蓝色或青色使图像偏冷。选择"图像"→"调整"→"色彩平衡"命令，将弹出的对话框根据需要进行设置，如图 3-29 所示。

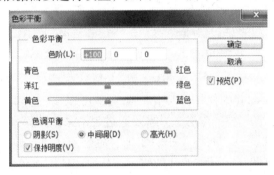

图 3-29　"色彩平衡"设置

"色彩平衡"调整前后效果对比如图 3-30（a）和图 3-30（b）所示。

（a）原始图像　　　　　　　　　（b）调整后的效果

图 3-30　"色彩平衡"调整前后效果对比

（4）去色：为了制作一些特殊的效果，有时需要将彩色图像的一部分变为黑白效果，以更突出重点。选择"图像"→"调整"→"去色"命令，很容易实现这种目的。"去色"命令没有参数和选项需要设置。如图 3-31（a）为原始图像（"素材"文件夹中的"素材图像 14"），图 3-31（b）是使用"去色"命令后的效果。

（a）原始图像　　　　　　　　　　　（b）调整后的效果

图 3-31　"去色"调整前后效果对比

（5）变化：在 Photoshop 中使用"变化"命令，可以比较直观地调整图像的颜色、对比度和饱和度等，无须设置调整的参数，只需要通过观察来判断得到的效果，虽然不太精细，但非常方便。选择"图像"→"调整"→"变化"命令，在弹出如图 3-32 所示的对话框中直接单击各种颜色的缩览图，即可添加此种颜色，从而完成图像色彩的调整任务。

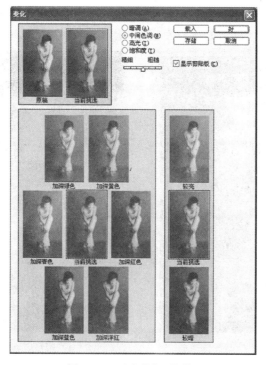

图 3-32　"变化"对话框

如图 3-33（a）所示为原始图像（"素材"文件夹中的"素材图像 12"），图 3-33（b）是在原图中添加黄色、红色、绿色、蓝色后的效果。

　　　（a）原始图像　　　　　　　　　　（b）调整后的效果

图 3-33　　"变化"调整前后效果对比

5. 快速调整色彩

本节所讲述的快速调整色彩，是指使用相关命令后，可以马上得到调整后的效果，无须做任何命令参数的调整。

（1）反相：选择"图像"→"调整"→"反相"命令，可反相图像色彩，此命令没参数和选项可设置。如图 3-34 所示，为反相图像色彩前后的效果，可以只对选区中的图像色彩进行反相操作。

　　　（a）原始图像　　　　　　　　　　（b）调整后的效果

图 3-34　　"反相"图像色彩前后效果对比

（2）色调均化：此菜单命令可以重新分布像素的亮度值，将最亮的值调整为白色，最暗的值调整为黑色，中间的值分布在整个灰度范围中，使它们更均匀地呈现所有范围的亮度级别（0~255）。该菜单命令还可以增加那些颜色相近的像素间的对比度，将图像中的像素平均分布到每个色调中使图像偏向中间值。

选择"图像"→"调整"→"色调均化"菜单命令，即刻进行调整。如图 3-35（a）所示为原始图像，图 3-35（b）是"色调均化"调整后的效果。

（a）原始图像　　　　　　　　　　　（b）调整后的效果

图 3-35　"色调均化"调整前后效果对比

（3）阈值：黑白图像不同于灰度图像，灰度图像有黑、白及黑到白过渡的 256 级灰，而黑白图像只有黑色和白色两个色调。用黑、白两色勾画出图像的轮廓，因此具有特殊的艺术效果。

选择"图像"→"调整"→"阈值"命令，将弹出如图 3-36 所示的"阈值"对话框。

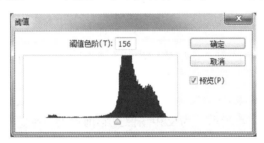

图 3-36　"阈值"对话框

在对话框中拖动直方图下面的滑块，或在"阈值色阶"数值框中输入数值，以调节黑、白色的分布情况。数值越大或滑块越偏向右侧，图像黑色越多；反之，白色越多。

如图 3-37 所示为使用"阈值"菜单命令图像前后的效果。

（a）原始图像　　　　　　　　　　　（b）调整后的效果

图 3-37　使用"阈值"命令图像前后效果对比

（4）色调分离：利用"色调分离"菜单命令能够指定图像每个通道的亮度值，并将指定亮度的像素映射为最接近的匹配色调，因此它可以减少色彩的色调数，制作出特殊的色调分离效果。选择"图像"→"调整"→"色调分离"菜单命令，弹出如图 3-38 所示的"色调分离"对话框，从中可进行参数设置。

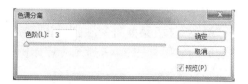

图 3-38　"色调分离"对话框

如图 3-39 所示为使用"色调分离"命令图像前后的效果。

（a）原始图像　　　　　　（b）调整后的效果

图 3-39　使用"阈值"命令图像前后效果对比

6. 图像调整其他方法

（1）阴影／高光："阴影／高光"菜单命令主要用于调整由于强烈逆光而具有侧面轮廓的图像，同时也可以校正由于对象太接近相机闪光而产生的轻微陈旧的效果。

选择"图像"→"调整"→"阴影／高光"菜单命令，弹出"阴影／高光"对话框，选中"显示更多选项"复选框，如图 3-40 所示。"阴影／高光"调整前后的效果如图 3-41 所示（原始图像为"素材图像 15"）。

图 3-40　"阴影／高光"对话框

（a）原始图像　　　　　　　　（b）调整后的效果

图 3-41　"阴影／高光"调整前后效果对比

（2）颜色查找："颜色查找"菜单命令可以让颜色在不同的设备之间精确地传递和再现，可以制作出特殊的颜色效果。

选择"图像"→"调整"→"颜色查找"菜单命令，弹出如图 3-42 所示的"颜色查找"对话框，从中可进行参数设置。调整前后的效果如图 3-43 所示（原始图像为"素材图像 60"）。

图 3-42 "颜色查找"对话框

（a）原始图像 （b）调整后的效果

图 3-43 "颜色查找"调整前后效果对比

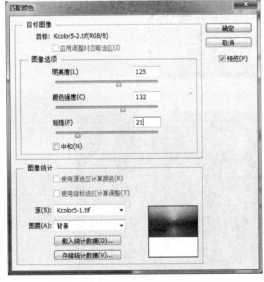

图 3-44 "匹配颜色"对话框

（3）匹配颜色："匹配颜色"菜单命令能够调整图片的"明亮度""颜色强度"和"渐隐"，这样就能很方便地将一个图像的总体颜色和对比度与另一个图像相匹配，使两幅图像看上去一致，除了匹配两幅图像之间以外，还可以匹配同一个图像中不同图层之间的颜色。

在 Photoshop 工作窗口中，同时打开两个比较相似的图像，然后将其中一个图像作为当前编辑图像。选择"图像"→"调整"→"匹配颜色"菜单命令，弹出如图 3-44 所示的"匹配颜色"对话框，用户在对话框中进行参数设置，此时可在"图像统计"选项组中的"源"下拉列表框中选择另一图像文件即可匹配颜色。"匹配颜色"调整前后的效果如

图 3-45 所示。

（a）原始图像　　　　　　　　　　（b）调整后的效果

图 3-45　"匹配颜色"调整前后效果对比

3.6　项目实训

3.6.1　项目实训 1 —— 鲜艳玫瑰

[案例说明]

本案例主要通过对图像模式的转换、"色相/饱和度"的调整、"亮度/对比度"的调整及"变化"等菜单命令来操作完成，将一幅色彩单一的灰色图像经过 Photoshop 处理变为对比度强烈、色彩鲜艳的彩色图像，效果如图 3-46 所示。扫一扫二维码 3-1，可观看实操演练过程。

图 3-46　完成效果

二维码 3-1

[制作步骤]

（1）选择"文件"→"打开"菜单命令。在出现的"打开"对话框中选择"素材图像 16"，单击"打开"按钮，如图 3-47 所示。

（2）打开的图像文件为单色，要使它变为可调整色彩的图像，必须将其转变成可调色的 RGB 模式。选择"图像"→"模式"→"RGB 颜色"，如图 3-48 所示，将选定的图像变成 RGB 模式。

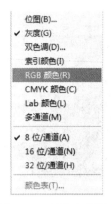

图 3-47　原始图像　　　　　　　　图 3-48　转换色彩模式

（3）选择"图像"→"调整"→"色相／饱和度"对话框中选择"全图"选项，然后选中"着色"复选框。将"色相"设置为 360，"饱和度"设置为 70，"明度"设置为 10，如图 3-49 所示，单击"确定"按钮。

图 3-49　"色相／饱和度"对话框

（4）选择"图像"→"调整"→"亮度／对比度"菜单命令，在出现的对话框中设置其亮度与对比度的参数（拖动对话框中的两个滑块），"亮度"设置为"20"，"对比度"设置为"18"，如图 3-50 所示。

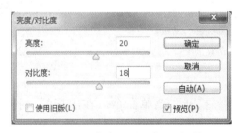

图 3-50　"亮度／对比度"对话框

（5）单击"确定"按钮，图像效果如图 3-46 所示，然后以"鲜艳玫瑰"为文件名保存。

3.6.2　项目实训 2 —— 花蕊颜色调整

[案例说明]

本案例通过两张图片效果调整做对比，深入比较"调整"子菜单中的"色彩均化""替换颜色""色相""曲线""亮度 / 对比度"等菜单命令功能的异同。本例完成后效果如图 3-51（a）、图 3-51（b）所示。扫一扫二维码 3-2，可观看实操演练过程。

（a）

二维码 3-2

（b）

图 3-51　花蕊颜色调整效果

[制作步骤]

（1）在 Photoshop 工作窗口中，按 D 键，设置前景色为黑色，背景色为白色。

说明：在处理图像之前，一般将前景色与背景色设置为默认状态。这样可使得当一些菜单命令的运行与前景色或背景色有关时，避免一些不必要的麻烦。

（2）选择"文件"→"打开"菜单命令或按"Ctrl+O"快捷键，打开文件"素材图像13""素材图像 17"，如图 3-52、图 3-53 所示。

图 3-52　原始图像（素材图像 13）

图 3-53　原始图像（素材图像 17）

（3）首先我们选择文件"素材图像 13"作为当前编辑图像；然后选择"图像"→"调整"→"色调均化"菜单命令，如图 3-54 所示，选择后可将图片的亮度提高，如图 3-55 所示。

图 3-54 选择"色调均化"　　　　　　　图 3-55 "色调均化"后图像效果

说明：如果"图像"→"调整"子菜单中的菜单命令不可用，可选择"图像"→"模式"→"RGB 颜色"菜单命令，将图像模式改为"RGB"颜色模式即可。

（4）选择"图像"→"调整"→"替换颜色"菜单命令。如图 3-56 所示，单击"吸管工具"选择花蕊，其中"颜色容差"设置为 125，"色相"设置为"-83"，"饱和度"设置为"25"，"明度"设置为"0"，单击"确定"按钮，效果调整完成，如图 3-57 所示，模式转换为"CMYK"颜色，以"花蕊颜色调整 1"为文件名保存在指定文件夹中。

图 3-56 "替换颜色"命令　　　　　　　图 3-57 完成效果

（5）现在我们选择文件"素材图像 17"作为当前编辑图像；然后选择"图像"→"调整"→"曲线"菜单命令，在"曲线"对话框的"通道"下拉列表框中选择"RGB"选项。在曲线上设置两个基本点，其中一个点的"输入"设为"25"，"输出"设为"82"，另外一个点的"输入"设为"107"，"输出"设为"207"，如图 3-58 所示，单击"确定"按钮，若预览效果不佳，可以自行设定曲线。

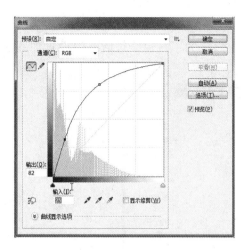

图 3-58　"曲线"命令

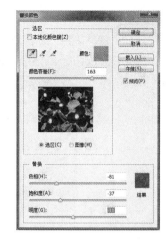

图 3-59　"替换颜色"命令

（6）选择"图像"→"调整"→"替换颜色"菜单命令，在"替换颜色"对话框中，将"颜色容差"设置为"163"，然后选择"选区"单选按钮，目的是对选区中的图像进行颜色调整。先用"吸管工具"单击对话框中花蕊的中心，只见选中的部分加亮了，然后"添加到取样"工具选取未能选取的花蕊，直到将整个花蕊都选中。现在可以调整整朵花花蕊的颜色而又不会改变其他部位的颜色。将"替换"选项组中的"色相"设置为"-81"，将"饱和度"设置为"-37"，将"亮度"设置为"-11"。设置完后，可见整朵花的花蕊调整为红色，如图 3-59 所示。

（7）单击"确定"按钮后，效果如图 3-60 所示。将最后完成的图像模式转换为"CMYK"模式，然后以"花蕊颜色调整 2"为文件名保存在指定文件夹中。

图 3-60　"花蕊颜色调整"完成效果

3.6.3　项目实训 3 —— 圆环制作

[案例说明]

本案例将制作如图 3-61 所示的"圆环"效果。本例中主要用到"椭圆选框工具""填充""变换选区""色相/饱和度"等命令操作完成。扫一扫二维码 3-3，可观看实操演练过程。

图 3-61　"圆环"完成效果

二维码 3-3

[制作步骤]

（1）按"Ctrl+N"组合键新建一个文件，在弹出的"新建"对话框中设置如图 3-62 所示，单击"确定"按钮，创建新文件。

图 3-62　新建文件

（2）选择"窗口"→"图层"命令，在出现的"图层"控制面板右下方单击"创建新图层"按钮 ▣，新图层命名为"图层 1"；在工具箱中选用椭圆选框工具，在工作区绘制一椭圆选区，如图 3-63 所示。

（3）设置前景色为 C：97，M：76，Y：0，K：0，按"Alt+Delete"组合键为椭圆选区填色，如图 3-64 所示。

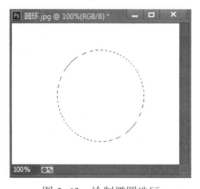

图 3-63　绘制椭圆选区

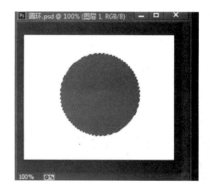

图 3-64　给选区填色

（4）选择"选择"→"变换选区"命令，按"Shift + Alt"组合键，同时用鼠标按住变换选框的右上角小方形符号上单击并拖动缩小选框，如图 3-65 所示。

（5）单击 Enter 键确定后，按 Delete 键删除中间部分，效果如图 3-66 所示。

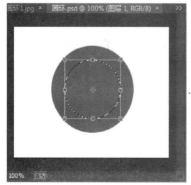

图 3-65　缩小选区

图 3-66　删除中间部分的效果

（6）按住 Ctrl 键，同时单击"图层"控制面板中的"图层 1"，给"圆环"建立"选区"；然后选择"选择"→"羽化"命令，在弹出的羽化选区对话框中设置羽化半径为"10"，如图 3-67 所示。

（7）任选一选择工具向右上方移动选区，如图 3-68 所示。

图 3-67　羽化选区　　　　　　　　　　　　　　图 3-68　移动选区

（8）选择"图像"→"调整"→"色相 / 饱和度"命令（如只需调整明暗，可选择"图像"→"调整"→"明度 / 对比度"命令），在弹出的"色相 / 饱和度"对话框中进行适当设置，如图 3-69 所示 。

（9）选择并拖动"图层 1"到"图层"面板的"创建新图层"按钮上，复制得"图层 1 副本"；拖动到适当位置后，按住 Ctrl 键，同时单击"图层"控制面板中的"图层 1 副本"，给刚刚复制的圆环建立选区；选择"图像"→"调整"→"色相 / 饱和度"命令，调整色相、饱和度等，如图 3-70 所示。

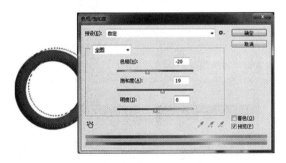
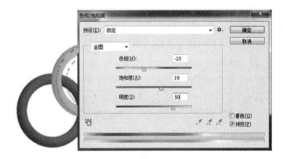

图 3-69　使用"色相 / 饱和度"命令　　　　　　图 3-70　使用"色相 / 饱和度"命令

（10）使用相同方法，得到第 3 个圆环，如图 3-71 所示。

图 3-71　复制得到 3 个圆环

（11）按住 Ctrl 键，同时单击"图层"控制面板中的"图层 1"，建立选区后，再在"图层"控制面板中单击"图层 1 副本"（激活"图层 1 副本"），然后在工具箱中选用橡皮擦工具擦除蓝色圆环与绿色圆环相交的两处中的上方"相交"部分，如图 3-72 所示。

（12）运用相同方法再擦去和另一个圆环相交的地方，如图 3-73 所示。

图 3-72　擦除"相交"部分

图 3-73　擦除"相交"部分

（13）图像完成效果如图 3-61 所示。

第 4 章

图层的应用

"图层"是使用 Photoshop 进行图像编辑、设计的重要条件。通过学习本章节内容，使读者深入了解"图层"的基本知识及"图层"的实践应用，能更好更快地完成图像的编辑及设计等工作。

例如，使用 Photoshop 对如图 4-1 所示的数码照片进行处理，就应该熟练掌握"图层控制面板"的运用，图 4-2 是处理数码照片过程中的"图层"控制面板显示效果。一幅图像作品通常是由多个不同类型的图层通过一定的组合方式自下而上叠放在一起完成的。

图 4-1　数码照片

图 4-2　"图层"控制面板

4.1　图层面板

"图层"的基本操作可以通过两种方法来实现：一是使用"图层"菜单，二是使用"图层"控制面板。要对"图层"进行操作，首先需要找到"图层"控制面板，如果"图层"控制面板没有显示或已经被隐藏，执行"窗口"→"图层"命令或按"F7"键调出，如图 4-3 所示。

图 4-3　"图层"面板

在图中我们可以看到"图层"控制面板从最上面的图层开始，列出了图像中的所有图层和图层组。在这里，我们可以对图层进行创建、隐藏、复制、链接、合并和删除等操作。

4.2 图层基本操作

4.2.1 新建图层

在实际的创作中，经常需要创建新的图层来满足设计的需要。单击"图层"面板中的"创建新图层"按钮 或按快捷键"Ctrl+N"，设置"新图层"对话框中的选项后，单击"好"按钮，即可创建一个新图层，这个新建的图层会自动依照建立的次序命名，如第一次新建的图层为"图层 1"，如图 4-4 所示。

图 4-4　新建图层

如果当前存在选区，还有两种方法可以从当前选区中创建新的图层，选择"图层"→"新建"→"通过拷贝的图层"命令或按快捷键"Ctrl+J"可以将当前选区中的图像拷贝至一个新的图层中。也可以选择"图层"→"新建"→"通过剪切的图层"命令或按快捷键"Ctrl+Shift+J"将当前选区中的内容剪切至一个新图层中。

4.2.2 选择 / 改变图层顺序

如果图像有多个图层，须选取要处理的图层，对图像所做的任何更改都只影响现用图层。要选择图层，可以在图层控制面板中用鼠标单击一下该图层即可。

"图层"控制面板中的堆放顺序决定图层或图层组的内容是出现在图像中其他图层内容

的前面还是后面。如果要更改图层或图层组的顺序，在"图层"控制面板中，将图层或图层组向上或向下拖移。当突出显示的线条出现在要放置图层或图层组的位置时，松开鼠标按钮。

要将图层移入图层组，请将图层拖移到图层组文件夹 。图层会放置在图层组的底部。如果在展开图层组时能够看到其中的所有图层，则当在展开的组下面添加一个图层时，会自动将该图层添加到此组中。为了避免出现这种情况，请在添加新图层之前折叠该图层组。

选择"图层"或"图层组"，并选取"图层"→"排列"，然后从子菜单中选取相应命令。如果所选项目在图层组中，该命令会应用于图层组中的堆放顺序。如果所选项目不在图层组中，则该命令会应用于"图层"控制面板中的堆放顺序。

4.2.3 显示/隐藏图层

在"图层"控制面板中单击左侧的眼睛图标 ，即可隐藏图层、图层组和图层效果，再次单击眼睛图标处就可重新显示图层、图层组和图层效果。按住 Alt 键并点按眼睛图标 ，可以只显示该图层或图层组的内容，之所以这样做，是为了让 Photoshop 在隐藏所有图层之前记住它们的可视性状态。按住 Alt 键并在眼睛列中再次点按，可以恢复原来的可视性设置。

★温馨提示：打印时只能打印可视图层。

4.2.4 复制/删除图层或图层组

"复制图层或图层组"是在图像内或在图像之间拷贝内容的一种便捷方法。在图像间复制图层或图层组时，如果图层拷贝到具有不同分辨率的文件，图层的内容将显得更大或更小。我们既可以在同一文件中复制图层或图层组，也可以在不同文件之间复制图层或图层组。

1. 在同一文件中复制图层或图层组

在同一文件中复制图层或图层组采用的方法一般有：将图层或图层组拖移到"新建图层"复制图层，也可从"图层"菜单或"图层"控制面板弹出式菜单中选取"复制图层"或"复制图层组"命令复制图层或复制图层组，如图 4-5 和图 4-6 所示。

图 4-5 复制图层前

图 4-6 复制图层后

2. 在不同文件中复制图层或图层组

在不同文件之间复制图层或图层组，先打开两个文件，最好并排在一起，然后在一个文

79

件中使用移动工具将需要复制的"对象"直接拖到目标文件中即可。也可以先在一个文件中对要复制的"对象"用选取工具选中，按"Ctrl+C"组合键，然后在目标文件中（另一文件）按"Ctrl+V"组合键即可复制目标对象，自然也就复制了一个图层。

3. 删除图层

删除图层比较简单，在"图层"面板中先选中要删除的"图层"，然后单击"图层"控制面板上的"删除图层"按钮，再单击"是"，这样选中的图层就被删除了。也可以在图层面板上直接用鼠标将图层的缩览图拖放到"删除图层"按钮上来删除。

4.2.5 "背景图层"与"普通图层"之间的转换

我们创建新文件时，一般情况下"图层"控制面板中最下面的图层为"背景图层"。我们无法更改"背景图层"的"堆放顺序""混合模式"或"不透明度"。但是，可以将"背景图层"转换为"普通图层"。创建包含透明内容的新图像时，图像没有"背景图层"，最下面的图层不像背景图层那样受到限制。我们可以将它移到"图层"控制面板的任何位置，也可以更改其"不透明度"和"混合模式"。

1. 将"背景图层"转换为"普通图层"

在"图层"控制面板中双击"背景图层"如图 4-7 所示（原始图像为"素材图像18"），弹出"新图层"对话框如图 4-8 所示，根据需要设置图层名，点按"确定"后，效果如图 4-9 所示。

图 4-7 背景图层

图 4-8 双击"背景图层"弹出"新建图层"对话框

图 4-9 点按"确定"后变成"图层 0"

2. 将"普通图层"转换为"背景图层"

在"图层"控制面板中选择该"图层"，选取"图层"→"新建"→"背景图层"命令，如图 4-10 所示，就能将"普通图层"转换为"背景图层"。通过将"普通图层"重命名为"背景"并不能创建"背景图层"，必须使用"背景图层"命令，如图 4-11 所示。

图 4-10　将"普通图层"转换为"背景图层"　　图 4-11　点按"背景图层"命令后变成"背景图层"

4.2.6　重命名图层

在将图层添加到图像时，根据图层的内容重命名这些图层会比较有用。重命名图层或图层组，一般可用以下方法。

（1）在图层控制面板中，点按两次图层或图层组的名称，就能输入新名称。

（2）在图层控制面板中，按 Alt 键并点按两次图层组名称，在"名称"文本框内输入新名称，并点按"确定"按钮。

（3）选择图层或图层组，并从图层菜单或图层控制面板弹出式菜单中选取"图层属性"或"图层组属性"，在"名称"文本框内输入新名称，并点按"确定"按钮。

4.2.7　合并图层

在 Photoshop CC 中有多种合并图层的状态，可以根据需要使用不同的合并图层的方法。

● 向下合并图层：合并两个图层或图层组，将要合并的"图层"在"图层"控制面板中并排放置在一起，并确保两个项目的可视性都已启用，选择这对项目中上面的那个。从"图层"菜单或"图层"控制面板菜单中选取"向下合并"或按快捷键"Ctrl+E"。

● 合并图层组：如果要合并图层组，从"图层"菜单或"图层"控制面板菜单中选取"合并图层组"（合并时必须确保所有需要的图层可见），否则"不可见图层"将被自动删除。

● 合并链接图层：从"图层"或"图层"控制面板菜单中选取"合并链接图层"。

● 合并剪贴蒙版：选择组中的基底图层，确保剪贴蒙版中的全部图层可见，从"图层"菜单或"图层"控制面板菜单中选取"合并剪贴蒙版"。

● 拼合所有图层：在拼合图层时，所有可见图层都合并到背景中，因此会大大压缩文件大小。拼合图像时将扔掉所有隐藏的图层，并用白色填充剩下的透明区域。多数情况下，一直要到编辑完各图层之后，才会需要拼合文件。在某些颜色模式间转换图像将拼合文件。

4.2.8　墙上阴影效果——"图层复制""调整不透明度"等命令基本应用

［案例说明］

本案例将制作出人物在墙上投影的效果，如图 4-12 所示。本例主要牵涉到"图层的复制""填充""调整不透明度"等命令的应用。

图 4-12 完成效果

图 4-13 "图层"面板

[制作步骤]

（1）选择"文件"→"打开"菜单命令，从"打开"对话框中打开图像文件"素材图像 19"。

（2）打开"图层"面板，复制"背景"图层，将新图层命名为"图层 1"。

（3）按 D 键把前景色设置为黑色，把背景色设置为白色。选择"编辑"→"填充"菜单命令，用前景色填充"背景"图层，"图层"面板如图 4-13 所示。

（4）单击工具箱中的"魔棒工具"按钮，在"魔棒工具"属性栏中把"容差"设为 50 像素，然后将"图层 1"作为当前编辑图层，选取把人物（可以组合使用 5 种选择工具）。例如可以先把人物以外的部分选中，然后选择"选择"→"反向"菜单命令，把人物选中，效果如图 4-14 所示，按"Ctrl+C"组合键复制，按"Ctrl+V"组合键粘贴两次，形成"图层 2""图层 3"。

（5）将"图层 2"作为当前编辑图层，按 Ctrl 键后，在"图层"面板中用鼠标单击"图层 2"中的"图层缩览图"，将"图层 2"中的人物选中，然后用黑色对人物进行填充，最后用工具箱中的"移动工具"把其位置适当移动，效果如图 4-15 所示。

图 4-14 选择对象

图 4-15 填充黑色

（6）在"图层"面板中，把"图层 2"的"不透明度"调整为 25%，面板如图 4-16 所示。最终效果如图 4-12 所示，将效果图以"Mps4-02.psd"为文件名保存在指定文件夹中。

图 4-16　"图层"面板

4.2.9　链接图层

1. "链接 / 解除"图层、"链接 / 解除"图层组

将两个或更多的"图层"或"图层组"链接起来，就可以同时对它们进行移动、拷贝、粘贴、对齐、合并、应用变换和创建剪贴蒙版等操作。"链接与解除"图层组与"链接与解除"图层操作基本相似。

"链接 / 解除"图层的基本操作如下：

（1）按"Ctrl+N"新建文件，背景色为白色（尺寸自定），如图 4-17 所示。

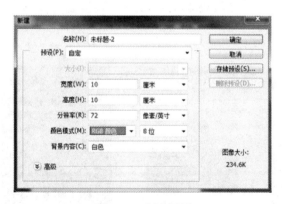

图 4-17　新建图层

（2）选择"矩形选框工具"绘制一矩形，在图层面板右下方点击"创建新图层"按钮，新建"图层 1"，然后将矩形填充黑色，如图 4-18 所示。

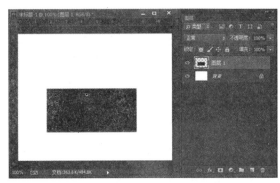

图 4-18　新建图层后给矩形填色

（3）选择"圆形选框工具"绘制一椭圆，在图层面板右下方点击"创建新图层"按钮 ，新建"图层 2"，然后设置前景色为红色，将椭圆填充为红色，这时图层面板的"链接"图标 为灰色，表示"链接"命令不可用，如图 4-19 所示。

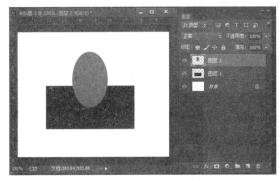

图 4-19　"新建图层 2"给椭圆填色

（4）点选"图层 1"后，按 Ctrl 键同时点选"图层 2"（这样将同时选中被选的两个图层）这时图层面板左下方的"链接"图标 为亮色，表示"链接"命令可用；点击"链接"图标，这时候在"图层 1"和"图层 2"两个图层后面分别多了一个链接图标，这就说明两个图层已经进行了链接，如图 4-20 所示；在"图层"控制面板中，再次单击链接图标，图层间的链接关系将解除。

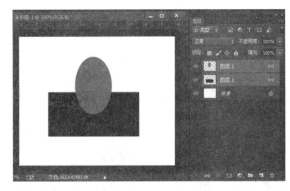

图 4-20　链接图层

2. 对齐链接图层

在 Photoshop 中对齐图层命令非常有用，而且操作方便。

（1）与图层对齐：选择"图层"→"对齐链接图层"命令下的子菜单命令，如"顶边""垂直居中""底边"等，可以将所有"链接图层"的内容与当前图层的内容相互对齐。

（2）与选区对齐：如果在当前图像中有选区，则"图层"→"对齐链接图层"命令将转换为"图层"→"与选区对齐链接"命令，分别选择各子菜单命令即可使各链接图层的内容与选区边框对齐，其操作与对齐链接图层类似。

除了可以使用"图层"→"对齐链接图层"命令、"图层"→"与选区对齐链接"命令下的各子菜单命令进行操作外，还可以选择工具箱中移动工具的情况下，利用如图 4-21 所示的工具选项栏中的各个按钮进行操作。

图 4-21 "对齐操作工具"选项栏

（3）分布链接图层：只有在"图层"控制面板中存在 3 个或 3 个以上的"链接图层"时，"图层"→"分布链接图层"子菜单中的命令才可以激活，选择其中的命令，可以将"链接图层"的对象按特定的条件进行分布。

（4）根据图层进行分布：选择"图层"→"分布链接图层"命令下的子菜单命令，可以平均分布"链接图层"。

4.2.10　图层的其他操作

1. 锁定图层

可以全部或部分地锁定图层以保护其内容，图层锁定后，图层名称的右边会出现一个"锁定图标" 🔒 。当图层完全锁定时，"锁定"图标是实心的；当图层部分锁定时，"锁定"图标是空心的。

● 全部锁定：选择图层或图层组，在"图层"控制面板中点按"全部锁定"图标。

● 部分锁定图层：选择图层，在"图层"控制面板中点按一个或多个锁定选项进行选择："锁定透明区域""锁定图像像素""锁定位置"等。

2. 设置图层不透明度

图层的不透明度决定它遮蔽或显示其下图层的程度。不透明度为 1% 的图层显得几乎是透明的，而透明度为 100% 的图层显得完全不透明。背景图层或锁定图层的不透明度是无法更改的，但可以将背景图层转换为支持透明度的普通图层。

设置图层或图层组的不透明度：在"图层"控制面板中选择图层或图层组，然后在"图层"控制面板的"不透明度"文本框中输入值，或拖移"不透明度"弹出式"滑块"。

3. 栅格化图层

一般我们建立的文字图层、形状图层、矢量蒙版和填充图层之类的图层，就不能在它们的图层上再使用绘画工具或滤镜进行处理，如果需要在这些图层上继续操作就需要先将图层栅格化。

选择"图层"菜单→"图层"（必须是文字图层、形状图层、矢量蒙版和填充图层之类的图层）→"栅格化"下各命令选项之一。也可以选中图层点击鼠标右键，在弹出式菜单中选择"栅格化图层"即可。

4.3 蒙版图层

"蒙版"可用于保护部分图层，让用户无法编辑，还可用于显示或隐藏部分图像等，详细介绍见第 8 章"通道与蒙版的应用"。

4.4 图层组及嵌套图层组

图层组与图层间的关系密切，使用图层组可以在很大程度上充分利用"图层"控制面板的空间，更重要的是可以对一个图层组中的图层进行一致的控制。图层组展开与折叠的状态如图 4-22 和 4-23 所示（在图中"图层组"指的是"序列 1"）。

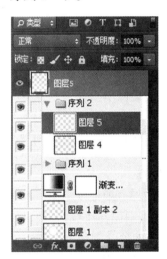

图 4-22　图层组展开状态　　　　图 4-23　图层组折叠状态

4.4.1 创建图层组

点按"图层"控制面板下方的"新建图层组"按钮 或选取"图层"→"新建"→"图层组"，设置好选项后，即可创建一个新的"图层组"。

按住 Ctrl 键，并点按"图层"控制面板中的"创建新图层"按钮或"创建新图层组"按钮，在当前选中的图层下添加图层。

当创建新"图层组"同时需要改变默认值时，按住 Alt 键，并点按"图层"控制面板中的"创建新图层"按钮或"创建新图层组"按钮。

4.4.2 将"图层"移入、移出"图层组"

我们可以将普通图层拖至"图层组"，使该"图层"加至"图层组"中。如果目标图层组处于折叠状态，则将"图层"拖到图层组文件夹或图层组名称上，当图层组文件夹或图层组名称高光显示时，释放鼠标左键，则"图层"被加到"图层组"的底部，当目标图层组处于展开状态，则将"图层"拖到"图层组"中所需的位置上。

　　将"图层"拖出"图层组"可以使该"图层"脱离"图层组"。在"图层"控制面板中选中"图层"并将其拖至"图层组"以外的位置。将该图层组文件夹拖移到另一个图层组文件夹中，该"图层组"及其包含的所有图层都进行移动。

　　另外"图层组"的复制、删除与"图层"的复制、删除操作类似。

4.4.3　嵌套图层组

　　在 Photoshop 中，我们可以使用"嵌套图层组"来管理"图层组"，从而获得更多的对"图层组"的控制。在"嵌套图层组"中，可将嵌套于图层组中的图层组称为"子图层组"，如图 4-24 所示。

图 4-24　嵌套图层组

根据不同的图像状态，可以使用不同的方法创建"嵌套图层组"：

　　（1）将现有的图层组拖移到"新建图层组"按钮。

　　（2）如果已有一个或多个图层，直接单击"图层"控制面板中的"创建新图层组"按钮，即可创建一个子图层组。

　　（3）创建一个图层组后，按 Ctrl 键单击"创建新图层组"按钮，然后可创建一个子图层组。

4.5　图层混合模式

　　图层的"混合模式"用于控制上下图层中图像的混合效果，运用图层的混合模式，可以创造出精彩的图像合成效果。在设置混合模式的同时还可以调节图层的不透明度，使图像效果更加理想。"图层"控制面板中有多种"图层混合模式"，单击图层控制面板左上角的下拉列表框就会弹出"图层混合模式"的下拉列表，如图 4-25 所示，我们可以在这里选择一种合适的混合模式。

图 4-25　图层"混合模式"

（1）正常模式：这是在 Photoshop 中进行绘画与图像合成的基本模式，是图层的默认模式，在这种合成模式下，图层的颜色会遮盖住原来的底色。可以通过调整图层的不透明度来控制下一层的显现效果。

（2）溶解模式：该模式下，随着图层不透明度的降低，图像将呈颗粒状随机取代原有的背景色。

（3）变亮、变暗模式："变暗"模式只影响图像中比前景色调浅的像素，色调相同或更深的像素不受影响。相反，"变亮"模式只影响图像中比所选前景色调更深的像素。当"柔光""强光"模式产生的结果过于强烈时就需要用"变亮"与"变暗"模式。

（4）正片叠底模式：该模式可能是一个设计者在绘图与合成时最有用的模式。在该模式中绘图时，前景色调与一幅图像的色调结合起来，可减少绘图区域的亮度。一个较深的色调通常就是在该模式下操作的结果，并且效果看上去就像用软炭笔在纸上画了深深的一道。该模式在选择融合背景图像时突出其较深的色调值，而选区中较浅的色调则会消失。

（5）线性加深、线性减淡（添加）模式：在"线性加深"模式下，可查看每个通道中的颜色信息，并通过减小亮度使基色变暗以反映混合色，与白色混合后不产生变化。在"线性减淡（添加）"模式中，查看每个通道中的颜色信息，并通过增加亮度使基色变亮以反映混合色，与黑色混合则不发生变化。

（6）滤色模式：该模式与正片叠底模式正好相反。

（7）屏幕模式：这种模式与正片叠底模式刚好相反，具有漂白图像的效果。

（8）叠加模式：该模式将当前图层的颜色与背景色叠加，并保持背景色的明暗程度，从而可以产生出自然的融合效果。

（9）柔光模式：此模式的混合效果与发散的聚光灯照在图像上相似。能够在图像中产生明显较暗或较亮的区域。

（10）强光模式：此模式的混合效果与耀眼的聚光灯照在图像上相似，能够产生增加图像暗部的效果，在需要向图像添加暗调时非常有用。

（11）颜色减淡模式、颜色加深模式："颜色减淡模式"会将背景图层的亮度提高，从而达到突出局部图像的效果。"颜色加深模式"会降低背景像素的亮度，产生的效果与颜色减淡模式相反。

以上是我们经常用到的几种混合模式的使用效果，其他的几种模式较少用到，大家可以自己尝试使用不同的图片进行混合。

下面以一实例加以说明。

（1）打开图像"素材图像 20"和"素材图像 21"，如图 4-26、图 4-27 所示。

图 4-26　水上世界　　　　　　　　　　图 4-27　乌龟

（2）将图像"乌龟"拖到"水上世界"文件中，形成"图层 1"，单击"图层 1"为当前可编辑图层，如图 4-28 所示。

图 4-28　拖入"乌龟"图像

（3）在"图层"面板中单击混合模式列表，在弹出的图层混合模式选项中选择"变暗"选项如图 4-29 所示。完成后的图像如图 4-30 所示。

图 4-29　"图层"面板

图 4-30　使用"变暗"模式后效果图

4.6　图层样式

在 Photoshop 中，我们可以使用图层样式很容易为图层设置阴影、发光、立体浮雕等效果（背景层除外）。在"图层"控制面板的底部单击"添加图层样式"按钮，弹出"图层样式"菜单，如图 4-31 所示，在菜单中选择一个命令即可打开"图层样式"对话框，如图 4-32 所示。

图 4-31　"图层样式"菜单　　　　　　　图 4-32　"图层样式"对话框

在"图层样式"对话框的左侧有许多图层效果复选框，当选中这些复选框中的任意一个，则当前图层会自动添加被选取的图层效果；对话框的右侧提供了大量的参数选项，在这里可以轻松地对样式效果进行设置。

4.6.1　图层样式操作要点

"图层样式"选项栏中各选项的作用及参数设置如下。

●样式：单击对话框左上角的样式选项，在设置参数区域默认的样式列表框，如图 4-33 所示。单击其中的某一种样式即可为当前图层中的图像应用这种样式。

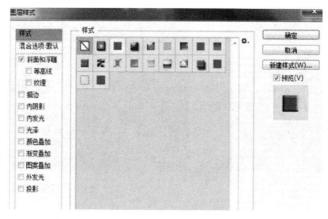

图 4-33　"样式"选项模式

●混合选项：单击"混合选项"可以调协当前图层的混合选项，设置参数区域显示如图 4-33 所示，其中可以设置图层的混合模式、不透明度等参数。

●图层样式选项：在此所列的均是各个图层样式的名称。选中其中的复选框即可设置各个图层样式的详细参数，以得到精美的图层样式效果。

4.6.2 图层样式效果表现

1. "投影"图层样式

单击选中"投影"（Drop Shadow）复选框，并对投影对话框进行适当设置，可以为图层中的图像添加阴影，如图 4-34、图 4-35 所示。

图 4-34 添加"投影"效果前　　　　　图 4-35 添加"投影"效果后

2. "外发光"图层样式

单击"外发光"复选框，并对"外发光"对话框进行适当设置，可以使图层图像的外边缘有发白色光的效果，如图 4-36、图 4-37 所示。

图 4-36 添加"外发光"效果前　　　　　图 4-37 添加"外发光"效果后

3. "内发光"图层样式

单击"内发光"复选框，并对"内发光"对话框进行适当设置，可以使图层图像的里面发出白色的光，如图 4-38、图 4-39 所示。

图 4-38 添加"内发光"效果前　　　　　图 4-39 添加"内发光"效果后

4. "颜色叠加"图层样式

单击"颜色叠加"复选框，可以为当前图层中的图像设置要叠加的颜色，该选项的参数很少，最主要是选择合适的叠加颜色。

5. "渐变叠加"图层样式

若取消"颜色叠加"复选框，现单击"渐变叠加"复选框，可以为图层中的图像设置叠加的渐变。

6. "斜面和浮雕"图层样式

单击"斜面和浮雕"复选框,可以为图层添加斜面和浮雕效果,如图 4-40、图 4-41 所示。

图 4-40 添加"斜面和浮雕"效果前　　　　　图 4-41 添加"斜面和浮雕"效果后

7. "图案叠加"图层样式

单击"图案叠加"复选框,为图像添加叠加图案。

8. "描边"图层样式

单击"描边"复选框,为图像添加白色描边效果,如图 4-42、图 4-43 所示("描边"参数区域中的选项和"编辑"菜单中的"描边"命令的选项和参数相似)。

图 4-42 添加"描边"效果前　　　　　　图 4-43 添加"描边"效果后

9. "光泽"图层样式

单击"光泽"复选框,可以使图层图像的上方有一层光泽,如图 4-44、图 4-45 所示。

图 4-44 添加"光泽"效果前　　　　　　图 4-45 添加"光泽"效果后

"光泽"的颜色和模式在"混合模式"选项中设置。在"等高线"下拉列表框中选择不同的等高线也可以得到不同的光泽效果。

4.6.3　复制与粘贴图层样式

通过操作为某一个图层设置"图层样式"后,可以通过"复制""粘贴"图层样式将该图层所具有的图层样式粘贴至其他图层中,从而简化为其他图层设置同样图层样式的操作。

复制图层样式的操作非常简单,在具有图层样式的图层中单击鼠标右键,在弹出的菜单中选择"复制图层样式"命令,然后切换至需要粘贴样式的图层上单击鼠标右键,在弹出的菜单中选择"粘贴图层样式"命令即可。

4.6.4　隐藏与删除图层样式

如果在设置某一个"图层样式"后，需要对比设置此图层样式前的效果，可以在"控制面板"通过反复单击该图层样式名称左侧的眼睛图标●以"显示"或"隐藏"该图层样式。

如果要隐藏"全部图层样式"，可以在控制面板中"效果"左侧的眼睛图标●将图层样式全部隐藏。

如果要删除某一个"图层样式"，可以在控制面板中将该图层样式拖动到"控制面板"的删除按钮🗑上。

如果删除"全部图层样式"，可以在控制面板中将"效果"栏拖动到控制面板的删除按钮🗑上。

4.7　项目实训

4.7.1　项目实训 1 ——正方体制作

[案例说明]

本案例将制作如图 4-46 所示的水中倒影效果。本例中主要用到图层的自由变换、复制、不透明度调整等命令操作完成。扫一扫二维码 4-1，可观看实操演练过程。

图 4-46　正方体

二维码 4-1

[制作步骤]

（1）点按"Ctrl+N"组合键或执行"文件"→"新建"命令创建一新文件，在弹出对话框中进行适当设置：输入图像的"名称"为"正方体"；将"宽度"和"高度"都设置为"10"厘米，其他为默认设置，如图 4-47 所示，单击"确定"按钮后创建新文件。

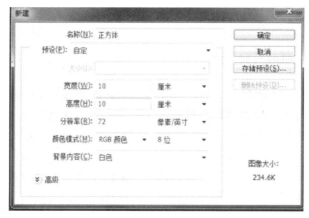

图 4-47　新建文件

（2）设置"前景色"为"R：45，G：163，B：230"，如图 4-48 所示。"背景色"为
"R：66，G：105，B：150"，如图 4-49 所示。选择渐变工具 ，在渐变工具的属性栏中
单击渐变设置按钮 ，在弹出对话框中选择"前景到背景"，如图 4-50 所示。在新文
件中从上到下拉出渐变色，效果如图 4-51 所示。

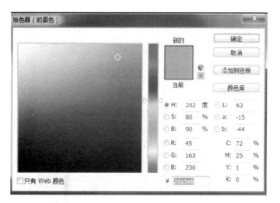

图 4-48　"前景色"设置

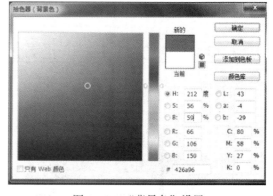

图 4-49　"背景色"设置

图 4-50　"渐变编辑器"对话框

图 4-51　"渐变"填充

（3）按"图层"控制面板右下方的"创建新图层"按钮，新图层命名为"图层 1"；选择"矩形选框工具"，在画面中画一"矩形"选区，设置"前景色"为"白色"，按"Alt+Delete"组合键为"矩形选区"填色，按"Ctrl+D"组合键取消选区，如图 4-52 所示。

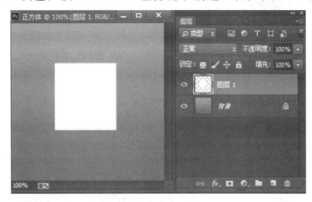

图 4-52　绘制矩形

（4）点按并拖动"图层 1"到图层控制面板的"创建新图层"按钮上，复制"图层 1"，得"图层 1 副本"，然后将"图层 1 副本"移到"右边"，点按"Ctrl+T"组合键，对所复制"图像"进行缩放，然后选择"编辑"→"变换"→"透视"命令对其进行透视变形；选择对调整好的矩形点选，将"前景色"设为"R：80，G：81，B：82"，如图 4-53 所示，"背景色"设为"白色"，然后从左往右拉，效果如图 4-54 所示。

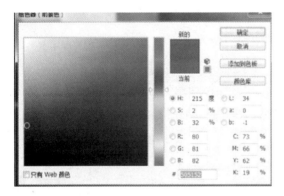

图 4-53　"前景色"设置

图 4-54　正方体"侧面"绘制

（5）再复制"图层 1 副本"，把它移动到上面，点按"Ctrl+T"组合键，对所复制"图像"进行缩放，然后选择"编辑"→"变换"→"透视"命令对其进行透视变形；调整缩放后图形的角度，选择对调整好的矩形点选，将"前景色"设为"R：200，G：202，B：205"，"背景色"设为"白色"，然后从左往右拉，效果如图 4-55 所示。

（6）又一次复制"图层 1"和"图层 1 副本"各一次，在"图层"面板中单击其他图层左侧的眼睛图标将它们都暂隐藏（只有刚复制的两个对象的

图 4-55　正方体"顶面"绘制

图 4-56 "正面"和"侧面"

图层没有隐藏），点按"图层"面板右上角的弹出菜单中选取"合并可见图层"或按快捷键"Shift+Ctrl+E"，将刚复制的两个图层合并后拉到下面，效果如图 4-56 所示。

（7）在"图层"控制面板上点按"添加图层蒙版"按钮"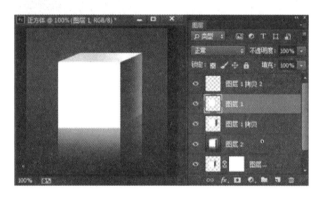"，选择渐变工具在刚复制的图形中从下往上拉，制作"倒影效果"，并将图层中的不透明度设为 67%，最后的效果如图 4-57 所示。按快捷键"Shift+Ctrl+E"合并所有图层后，以"正方体"为文件名保存在指定文件夹中。

图 4-57 完成效果

4.7.2 项目实训 2 —— 树叶人脸效果

[案例说明]

本案例将制作如图 4-58 所示的效果。本例通过运用图层，制作出人物与另一形状的组合效果，本例主要应用"魔棒工具"、图层的基本运用、删除像素等命令和工具完成。扫一扫二维码 4-2，可观看实操演练过程。

图 4-58 完成效果

二维码 4-2

[**制作步骤**]

（1）按"Ctrl+O"组合键，打开文件"素材图像 22"和"素材图像 23"，如图 4-59、图 4-60 所示。

图 4-59　素材图像 22

图 4-60　素材图像 23

（2）选择"移动工具"将"素材图像 23"拖至"素材图像 22"中，形成新的图层，命名为"图层 1"，并将"图层 1"移动到"图层 Layer1"下面，如图 4-61 所示。

图 4-61　　"图层"面板

（3）单击"Layer1"，使之成为当前编辑图层，使用"魔棒工具"在图像编辑窗口中单击"Layer1"图层的空白处，选中"叶子图像"的空白处，如图 4-62 所示。

图 4-62　建立选区

图 4-63　删除

（4）选择"图层 1"作为当前编辑图层，按 Delete 键删除刚才"选区"内的部分，得到如图 4-63 所示的效果。

（5）按"Ctrl+D"组合键取消"选区"，单击"Layer 1"图层，使之成为当前编辑图层，将该图层设置为不可见，即将"指示图层可见性"图标关闭，如图 4-64 所示。

图 4-64　"图层"面板

图 4-65　完成效果

（6）此时得到如图 4-65 所示的效果。将最后完成的效果图以"树叶人脸效果"为文件名保存在指定文件夹中。

4.7.3　项目实训 3 ——人物局部替换效果制作

[案例说明]

本案例效果如图 4-66 所示。本例主要应用"选框工具""油漆桶工具""自由变换""网格""图层样式""文字工具""描边""钢笔工具"及"填充"等命令操作完成。扫一扫二维码 4-3，可观看实操演练过程。

图 4-66　合成效果

二维码 4-3

[制作步骤]

（1）打开文件"素材图像 24"，点击"放大工具"将人物头部放大。在工具箱中选用"磁性套索工具" 将女孩的"脸部"选中，效果如图 4-67 所示。

（2）再打开文件"素材图像 25"，如图 4-68 所示。

图 4-67　建立选区

图 4-68　打开图片

（3）用移动工具将所选区部分（"素材图像 24"中女孩的脸部）拖至"素材图像 25"图像中，自动得到新图层"图层 1"，如图 4-69 所示。

（4）点按"Ctrl+T"组合键，对刚拖入的女孩的脸部图形进行缩放、调整；为了在缩放、调整时观察方便，可适当降低图层"不透明度"（62% 左右），当女孩的脸部图形与"素材图像 25"中女大学生的脸部大小、位置差不多时即可，效果如图 4-70 所示。

图 4-69　将"脸部选区"拖入另一图片中

图 4-70　调整拖入的"脸部"

（5）确认"图层 1"被激活（用鼠标点击一下"图层"控制面板中的"图层 1"即可），选用"磁性套索工具" 选择人物"衣领"，点按 Delete 键删除女孩的脸部图形多余部分，并与衣服衔接自然（为观察方便，适当降低图层"不透明度"），如图 4-71 所示。

图 4-71　选择人物"衣领"　　　　　　　　　图 4-72　完成效果

（6）如果感觉两幅图像的脸的颜色及明暗等有所不同，可选取"图像"→"调整"→"色彩平衡"命令或选取"图像"→"调整"→"色相 / 饱和度"命令，调整颜色及明暗等，直到与衣服及周围的色调相匹配为止，最终效果如图 4-72 所示。

第5章

图像绘图应用和批处理

本章主要讲解绘图类工具在实践中的应用及图像的批处理。绘图和装饰等系列工具功能强大，能帮助我们完成图形设计和数码照片装饰处理等工作。图像的批处理也非常重要，如果每天都会对照片进行重复的处理工作，例如学校要统一更改学生照片或公司要制作胸卡或将自己多张的照片更改为标准照片大小等，重复的操作是烦琐而乏味的，使用 Photoshop CC 的"动作"命令，一系列重复的工作，只要按一下就可以"批处理"执行。

5.1　图像绘图应用

5.1.1　绘画类工具

1. 画笔工具

画笔工具如图 5-1 所示，是十分常用的一种绘图工具，使用方法也非常具有代表性，一般绘图和修图工具的用法都与它类似。使用画笔工具只要指定一种前景色，设置好画笔的属性，然后用鼠标在图像上直接描绘即可。

图 5-1　画笔工具

在"画笔工具"选项栏中，可以选择 Photoshop 中自带的各种形状的画笔并对它们的各种属性进行设置，如图 5-2 所示。

图 5-2　"画笔工具"属性栏

- 画笔：在此下拉列表中选择合适的画笔大小。
- 模式：设置用于绘图的前景色与作为画纸的背景之间的混合效果。"模式"下拉列表中的大部分选项与图层混合模式相同。
- 不透明度：设置绘图颜色的不透明度。数值越大，绘制的效果越明显；反之，则越不清晰。

●流量：设置拖动光标一次得到图像的清晰度，数值越小，越不清晰。

●喷枪工具：单击此图标，将画笔工具设置为喷枪工具，在此状态下得到的笔画边缘更柔和。

图 5-3 "画笔"控制面板

（1）画笔控制面板介绍。

选择"窗口"→"画笔"命令或按快捷键"F5"，可弹出如图 5-3 所示的"画笔"控制面板。通过对控制面板的参数设置，能灵活地使用画笔绘制出丰富、逼真的效果。

下面对"画笔"控制面板中各个区域的作用进行介绍。

①画笔预设："画笔预设"选项相当于是所有画笔的一个控制台，可以利用"描边缩览图"显示方式方便地观看画笔描边效果，或对画笔进行重命名、删除等操作。拖动画笔形状列表框下面的"直径"滑块，还可以调节画笔的直径。

②画笔笔尖形状：选择该选项后，"画笔"控制面板如图 5-3 所示，此时可以对画笔的基本属性，如直径、角度及圆度进行设置。

此时，只需单击面板中相应的笔刷图标即可选择需要的画笔形状。选择好画笔后，在图像中绘制各种图案。操作时，只需将鼠标移动到图像窗口中，然后按下左键不放并拖动鼠标，这样随着鼠标的移动，画面上就会产生和笔刷形状相对应的图像，效果如图 5-4 所示。

图 5-4 各种画笔形状

选择"画笔笔尖形状"选项时，"画笔"控制面板中的参数含义如下。

●直径：在该数值框中输入数值或调节滑块，可以设置笔刷的大小，数值越大，笔刷直径越大。

●翻转 Y：选择该选项后，画笔方向将做垂直翻转。

●硬度：在该数值框中输入数值或拖动滑块，可以设置笔刷边缘的硬度。数值越大，笔刷的边缘越清晰，数值越小边缘越柔和。

●间距：在该数值框中输入数值或调节滑块，可以设置绘图时组成线段的两点距离，数值越大，间距越大。

●圆度：在该数值框中输入数值，可以设置笔刷的圆度，数值越小，笔刷越扁。

●角度：对于圆形画笔，在"圆度"值小于 100% 时，在该数值框中输入数值，可以设置笔刷旋转的角度。而对于非圆形画笔，在该数值框中输入数值，则可以设置画笔旋转的角度。

● "翻转 X"：选择该选项后，画笔方向将做水平翻转。

③形状动态：选择该选项后，"画笔"控制面板中有"大小抖动""控制""最小直径""角度抖动""圆度抖动"等选项，对其进行设置，会出现很多特殊的效果。

另在"画笔"控制面板中还有"散布""纹理""双重画笔""颜色动态"等选项，可以根据需要进行选择后再设置，也会对"画笔"效果产生不同的变化，大家可以根据自己需要去设置、使用。

（2）将纹理拷贝到其他工具。

在一个包含有"纹理"动态参数的画笔中，"画笔"控制面板允许将其中所选的纹理复制到其他支持该动态参数的绘图工具中，其操作步骤如下。

①显示"画笔"面板，并选择"纹理"选项。

②在此时的"画笔"面板中选择需要复制的纹理图案。

③单击"画笔"面板右上方的三角形按钮 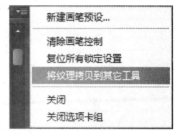，在弹出的菜单中选择"将纹理拷贝到其他工具"命令，如图 5-5 所示。

图 5-5　"将纹理拷贝到其他工具"命令

④选择目标工具，如选择图案图章工具，在"画笔"控制面板中选择"纹理"选项，可以看出，此时控制面板顶部的图案已经变为刚刚复制的图案。

（3）创建自定义画笔。

除了编辑画笔的形状外，用户还可以自定义图案画笔，以创建更丰富的画笔效果。其操作方法非常简单，只要利用选区将要定义为画笔的区域选中，Photoshop 就可以将任意一种图像定义为画笔。

①按"Ctrl+N"组合键或执行"文件"→"新建"命令创建一新文件，在弹出对话框中进行适当设置：输入图像的"名称"为"定义画笔"；将"宽度"和"高度"都设置为 3 厘米，其他为默认设置，如图 5-6 所示，单击"好"按钮创建新文件。

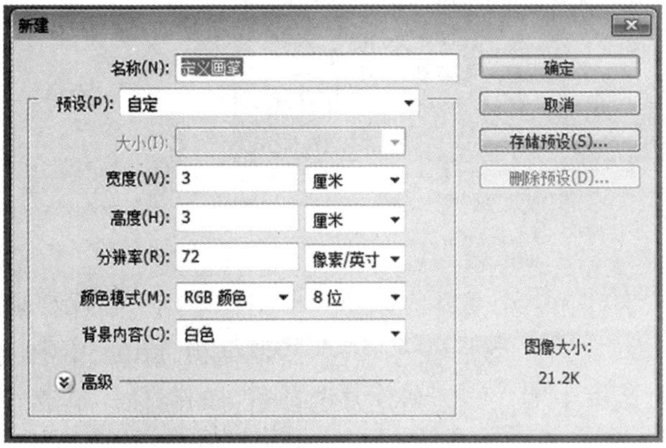

图 5-6　新建文件

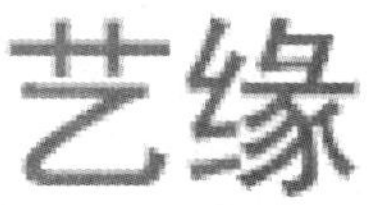

图 5-7　输入文字"艺缘"

②在工具箱中选中"横排文字工具"，在工具选项栏中进行设置（没有特殊要求可以随便设置），然后输入"艺缘"两字，如图 5-7 所示。

③选择"编辑"菜单→"定义画笔预设"命令，弹出一对话框，如图5-8所示。

图5-8　"画笔名称"对话框

④单击"确定"按钮，画笔定义完成；选择"窗口"→"画笔"命令或按"F5"键弹出"画笔"控制面板，就可以看到刚定义的画笔，如图5-9所示。

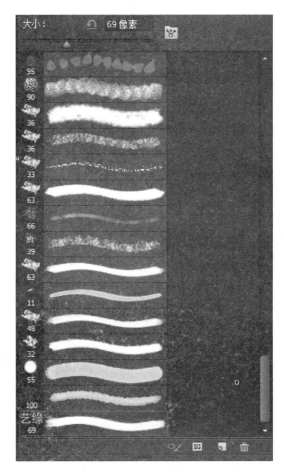

图5-9　完成"画笔"设置

（4）存储画笔。

通过"存储画笔"，可以将画笔保存为一个文件，以便其他用户使用。要保存画笔，可以单击"画笔"控制面板的"画笔预设"选项，然后在"画笔"控制面板弹出菜单中选择"存储画笔"命令，在弹出的"存储"对话框中输入画笔名称并选择适合的路径，单击"保存"按钮，将其以文件形式保存起来。

（5）载入画笔。

Photoshop有多种预设的画笔，在默认情况下，这些画笔并未调入"画笔"控制面板中，要调入这些画笔刷，可以在控制面板弹出菜单中的预设画笔区选中相应的画笔名称，在弹出的对话框中单击"追加"按钮。

2．铅笔工具

"铅笔工具"可以模拟铅笔的效果，创建硬边线条，"铅笔工具"属性栏如图 5–10 所示。

图 5–10　"铅笔工具"属性栏

"铅笔工具"选项条中有一个比较特殊的选项，即"自动抹除"选项，在此选项被选中的情况下，可以将铅笔工具作为橡皮擦来使用。一般情况下，铅笔工具将以前景色绘制图形，在选中"自动抹除"选项时，利用铅笔工具绘制图形，如果铅笔工具单击处存在以前使用该工具绘制的图形，则此工具暂时转换为擦除工具，通过绘制操作可以擦除以前绘制的图形。

3．橡皮擦工具

"橡皮擦工具"用来擦除图像，如图 5–11 所示。它的使用方法很简单，像使用画笔一样，先选中"橡皮擦工具"后，按住鼠标左键在图像上拖动即可。当作用于背景图层时，擦除过的地方会用背景色填充；当作用于普通图层时，擦除过的地方会变成透明。在"橡皮擦工具"的选项栏中可设置画笔的大小与类型，这与"画笔工具"很相似。

图 5–11　橡皮擦工具

4．背景色橡皮擦工具

使用"背景色橡皮擦工具"，可以将图层擦为透明，即使擦除是背景层中的图像，被擦除的区域也会变为透明。

5．魔术橡皮擦工具

"魔术橡皮擦工具"可以自动擦除颜色相近的区域。此工具具有"背景色橡皮擦工具"和"魔术棒工具"的功能。

6．特效画笔设置 —— 画笔工具基本应用

（1）选择"文件"→"新建"命令，在"新建"对话框中设定图像"宽度"和"高度"为 15 厘米，"分辨率"为 72 像素 / 英寸，模式为"RGB 颜色"，"背景内容"为"白色"，单击"确定"按钮，如图 5–12 所示。

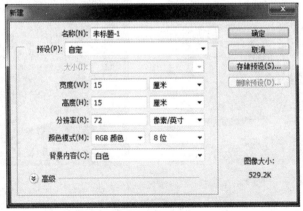

图 5–12　新建文件

（2）设置前景色为黑色，按"Alt+Delete"组合键给文件背景色填充黑色，如图 5-13 所示。

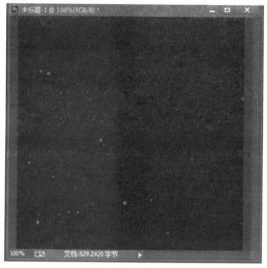

图 5-13　填充黑色

（3）单击工具箱中的"画笔工具"，按 F5 键，调出"画笔"对话框，如图 5-14（a）所示；确认"画笔笔尖形状"选项被选中，设置如图 5-14（b）所示。

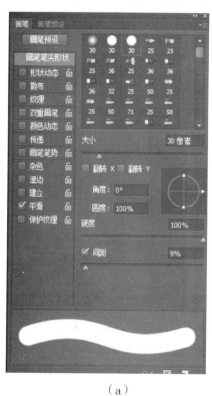 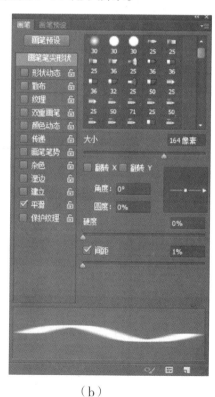

（a）　　　　　　　　　　　　　（b）

图 5-14　"画笔"对话框设置前后对比

（4）然后进行绘制，可以得到如图 5–15 所示的画笔效果。

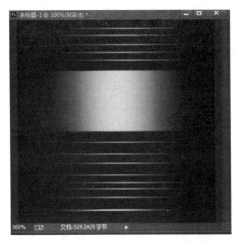
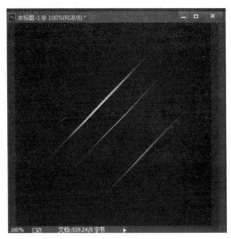

图 5–15　设置后的画笔效果　　　　　图 5–16　"角度"设置为 45° 的画笔效果

（5）如果将"画笔"对话框中"角度"设置为 45°，画笔将变成 45° 的斜度，效果如图 5–16 所示。

5.1.2　图像修饰工具

图像修饰工具比较多，主要包括：仿制图章、图案图章、修复画笔、修补、模糊、锐化、涂抹、减淡、加深及海绵工具，可以使用它们来修复和修补及擦除图像等。

1. 图章工具组

图章工具组主要包括：仿制图章、图案图章两种常用工具，如图 5–17 所示。

图 5–17　图章工具组

（1）仿制图章工具。

使用"仿制图章工具"，可准确复制图像的一部分或全部，以弥补图像的不足之处。它是修补图像时常用的工具。

单击工具箱中的"仿制图章工具"，属性栏如图 5–18 所示。

图 5–18　"仿制图章工具"属性栏

在画笔预览图的弹出控制面板中，选择不同类型的画笔来定义仿制图章工具的大小、形状和边缘软硬程度。在"模式"弹出菜单中，选择复制的图像及与底图的混合模式，并可设定"不透明度"和"流量"，还可以选择喷枪效果。

在有很多图层的情况下，选择"用于所有图层"选项后再用"仿制图章工具"，不管当前选择了哪个层，此选项对所有的可见层都起作用。图 5–19 为"素材图像 26"，选择"仿制图章工具"，如图 5–20 所示。按住 Alt 键，同时在右上角红色块旁单击（对单击部分进行复制），然后放开 Alt 键，用鼠标在图像其他位置单击并拖动，红色块将被刚复制的部分覆盖。也可以按住 Alt 键，同时在小女孩脸部单击，用鼠标在右上部单击并拖动，如图 5-21 所示。

图 5-19　使用"仿制图章工具"前

图 5-20　选择"仿制图章工具"

图 5-21　使用"仿制图章工具"后

（2）图案图章工具。

使用"图案图章工具" ，可将各种图案填充到图像中。"图案图章工具"的属性栏如图 5-22 所示，和前面所讲的"仿制图章工具"的设定项相似。不同的是，"图案图章工具"直接以图案进行填充，不需要按住 Alt 键进行取样。

图 5-22　"图案图章工具"属性栏

可以在图案预览图的弹出调板中选择预定好的图案，也可以使用自定义的图案，方法是用矩形选框工具选择一个没有羽化设置的区域（羽化半径＝0），执行"编辑"→"定义图案"命令，弹出"图案名称"对话框，在"名称"栏中输入图案的名称，单击"好"按钮，即可将图案存储起来。在"图案图章工具"属性栏的图案弹出调板中可以看到新定义的图案。

定义好图案后，直接以"图案图章工具"在图像内绘制，即可将图案一个挨一个整齐排列在图像中。"图案图章工具"属性栏中，同样有一个"对齐的"选项，选择这一选项时，无论复制过程中停顿多少次，最终的图案位置都会非常整齐；而取消这一选项，一旦图案图章工具使用过程中断，再次开始时图案即无法以原先的规则排列。

图 5-23　原始图像

2. 数码照片效果制作 —— 图案图章工具基本应用

（1）打开"素材图像 26"，如图 5-23 所示。

（2）在工具栏中选择"矩形选框工具"，在画面中画一方形选区，执行"编辑"→"定义图案"命令，如图 5-24 所示。

图 5-24 定义图案

（3）在弹出对话框中单击"确定"按钮，如图 5-25 所示。

（4）在工具栏中选择"图案图章工具"，然后在工具选项栏中单击"图案"旁边的倒三角形符号，在弹出的众多图案中选择刚定义的图案，如图 5-26 所示。

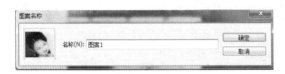

图 5-25 "图案名称"对话框

图 5-26 选择刚定义图案

（5）使用"图案图章工具"在画面上单击鼠标并拖动，所得效果如图 5-27 所示。

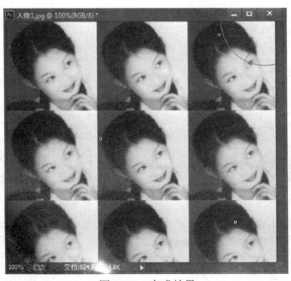

图 5-27 完成效果

3. 修复画笔工具组

修复画笔工具组主要包括：修复画笔、修补、红眼等工具，如图 5-28 所示。

图 5-28　修复画笔工具组

（1）修复画笔工具。

"修复画笔工具"　，用于修复图像中的缺陷，并能使修复的结果自然融入周围的图像。和"图章工具"类似，"修复画笔工具"也是从图像中取样复制到其他部位，或直接用图案进行填充。但不同的是，"修复画笔工具"在复制或填充图案的时候，会将取样点的像素信息自然融入复制的图像位置，并保持其纹理、亮度和层次，被修复的像素和周围的图像完美结合。

"修复画笔工具"属性栏如图 5-29 所示。在画笔弹出面板中选择画笔的大小来定义"修复画笔工具"的大小。在"模式"后面的弹出菜单中选择复制或填充的像素和底图的混合方式。在画笔弹出面板中只能选择圆形的画笔，只能调节画笔的粗细、硬度、间距、角度和圆度的数值，这是和"图章工具"的不同之处。

"对齐"选项的使用和前面讲到的"仿制图章工具"中此选项的使用完全相同。如果是在两个图像之间进行修复工作，同样要求两个图像有相同的图像模式。

图 5-29　"修复画笔工具"属性栏

例如打开图像，如图 5-30 所示。小孩左眼有一个"太亮"的点，需要调暗一些，使用"修复画笔工具"可以轻松达到我们需要的效果，如图 5-31 所示。操作方法与"仿制图章工具"完全相同。

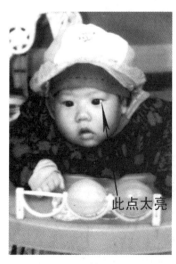

图 5-30　使用"修复画笔工具"前　　　　　图 5-31　使用"修复画笔工具"后

（2）修补工具。

"修补工具"属性栏如图 5-32 所示。使用"修补工具"可以从图像的其他区域或使用图案来修补当前选中的区域；和"修复画笔工具"相同之处是修复的同时也保留图像原来的纹理、亮度及层次等信息。在执行修补操作之前，首先要确定修补的选区，可以直接使用"修补工具"在图像上拖拉形成任意形状的选区，也可以采用其他的选择工具进行选区的创建。

当从图像中选择像素修补其他区域时，尽量选择较小的区域，这样修补的效果会好一些。

图 5-32　"修补工具"属性栏

4．模糊工具组

（1）模糊工具。

"模糊工具""锐化工具""涂抹工具"可以对图像的细节进行局部的修饰，在修正图像的时候非常有用。它们的使用方法都和"笔刷工具"类似。

"模糊工具"是一种通过笔刷绘制，使图像局部变得模糊的工具。它的工作原理是通过降低像素之间的反差，使图像产生柔化朦胧的效果。在对两幅图进行拼贴时，"模糊工具"能将参差不齐的边界柔和并产生阴影的效果。"模糊工具"属性栏如图 5-33 所示。

图 5-33　"模糊工具"属性栏

（2）锐化工具。

"锐化工具"与"模糊工具"相反，它是一种可以让图像色彩变得锐利的工具，也就是增强像素间的反差，提高图像的对比度，使图像变得更清晰、色彩更亮。单击"锐化工具"按钮时，在屏幕的右上侧便弹出锐化选项调板，如图 5-34 所示。

图 5-34　"锐化工具"属性栏

"强度"所控制的是"压力"值，其值越大，锐化的效果就越明显。选择"用于所有图层"选项用来设置对所有的图层有效，否则，只对当前图层有效。

（3）涂抹工具。

"涂抹工具"就好比我们的手指，它可以模仿我们用手指在湿漉的图像中涂抹，得到很有趣的变形效果。"涂抹工具"属性栏如图 5-35 所示。涂抹的大小、软硬可通过单击画笔调板来选择，通常系统是在光标处的颜色开始，与鼠标拖动处的颜色混合进行涂抹的，使用时最好沿着一个方向进行。

图 5-35　"涂抹工具"属性栏

5．减淡工具组

"加深""减淡"和"海绵"这三个工具也可以对图像的细节进行局部的修饰，使图像得到细腻的光影效果。

"减淡工具"和"加深工具"用于改变图像的亮调与暗调细节，两者的作用刚好相反。原理类似于胶片曝光显影后，通过部分暗化和亮化，来改善曝光的效果。

"海绵工具"可以用来调整图像的色彩饱和度。它通过提高或降低色彩的饱和度，达到修正图像色彩偏差的效果。

6. 修补旧照片——图像修饰工具基本应用

（1）打开"素材图像27"，如图 5-36 所示。照片需要修改的地方有：照片小孩右额部有一黑点、衣服有蓝色脏色块等。

（2）在工具箱中点选"仿制图章工具"，在其工具属性栏中设置如图 5-37 所示，按住 Alt 键，同时在"黑点"旁边单击一下（选中填补"黑点"的色），然后松开 Alt 键，用"仿制图章"涂抹"目标黑点"（要比较各黑点周围的色，一定要根据需要选择"填补色"，使修补自然）。用同样的方法去掉蓝色脏色块等其他要修改的地方，注意要根据需要设置"仿制图章工具"的笔头大小。

图 5-36　原始图像　　　　　　图 5-37　使用"仿制图章工具"修补

（3）有时，我们在修补图片时有些细节看不清，打印时，有很多细小的部分没有修改，面对这种情况，我们可利用"缩放工具"将图像放大进行"修改"。

（4）可以在工具箱中点选"加深工具"，在其工具选项栏中进行适当设置，用加深工具调整右额部太亮部位使其变"暗"，然后在工具箱中选择海绵工具用来调整图像的色彩饱和度，使效果更加自然。

（5）再次利用缩放工具，将图像缩小或放大，仔细观察比较，适当调整，最后完成效果如图 5-38 所示。

图 5-38　完成效果

5.1.3　其他与绘图相关的工具

1. 历史记录画笔工具和历史记录艺术画笔工具

"历史记录画笔工具"和"历史记录艺术画笔"如图 5-39 所示，这两个工具具有纠正错误的功能，能以绘画的形式自由纠正发生在图像中的错误。

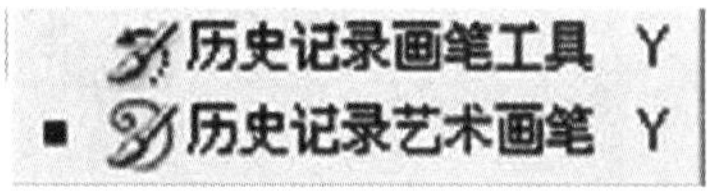

图 5-39　历史记录画笔工具和历史记录艺术画笔工具

（1）历史记录画笔工具。

"历史记录画笔工具"用来记录图像中的每一步操作。单击"历史记录画笔工具"，在屏幕的右上侧便弹出"历史记录画笔工具"选项栏，再单击历史记录画笔工具选项栏，便可看到在历史记录控制面板上记录了有关的执行动作。

"历史记录画笔工具"一般配合"历史控制面板"一起使用。它可以通过在历史控制面板中定位某一步操作，而把图像在处理过程中的某一状态复制到当前层中。选中"历史记录画笔工具"，属性栏如图 5-40 所示。

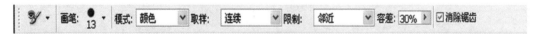

图 5-40　历史记录画笔工具属性栏

（2）历史记录艺术画笔。

"历史记录艺术画笔"的使用方法基本与"历史记录画笔工具"相同，区别在于使用此工具进行绘图时，可选一种笔触画出颇具艺术风格的效果。

2. 颜色替换工具

"颜色替换工具"属性栏如图 5-41 所示，使用"颜色替换工具"，能够简化图像中特定颜色的替换。可以用校正颜色在目标颜色上绘画。"颜色替换工具"不适用于"位图""索引"或"多通道"颜色模式的图像。

图 5-41　"颜色替换工具"属性栏

5.2　图像批处理

5.2.1　动作

"动作"就是播放单个文件或一批文件的一系列命令，它会根据定义操作步骤的顺序逐一显示在动作浮动面板中，这个过程我们称之为"录制"。大多数命令和工具操作都可以记录在动作中，以后需要对图像进行此类重复操作时，只需把录制的动作"搬"出来，按一下"播放"，一系列的动作就会应用在新的图像中了。

1．动作的基本功能

（1）将常用的 2 个或多个命令及其他操作组合为一个"动作"，在执行相同操作时，直接执行该"动作"即可。

（2）对于 Photoshop CC 中最精彩的滤镜，若对于其使用"动作功能"，可以将多个滤镜操作录制成一个单独的动作，执行该动作，就像执行一个滤镜操作一样，可对图像快速执行多种滤镜的处理。

2．"动作"面板

"动作"面板是建立、编辑和执行动作的主要场所，在该面板中用户可以记录、播放、编辑或删除单个动作，也可以存储和载入动作文件。执行"窗口"→"动作"命令，将弹出如图 5-42 所示的"动作"面板。单击"动作"面板上按钮，弹出如图 5-43 所示的菜单，菜单底部包含了 Photoshop 预设的一些动作，例如"命令""画框"等动作，执行选择任何一个动作命令，可将其载入"动作"面板中。执行该菜单中"按钮模式"命令，则所有动作会变成按钮状，如图 5-44 所示。

图 5-42　"动作"面板　　　　图 5-43　"动作"菜单　　　　图 5-44　按钮状"动作"面板

"动作"面板中各个按钮的含义如下。

● "切换对话开 / 关"按钮 □：当命令前显示该图标时，表示动作执行到该命令时会暂停，并打开相应的对话框，此时可修改命令的参数，按下"确定"按钮可继续执行后面的动作；如果动作组和动作前出现该图标，则表示该动作中有部分命令设置了暂停。

● "切换项目开 / 关"按钮 ✓：当动作组、动作和命令前显示该图标，表示该动作组、动作和命令可以执行；当动作组或动作前没有该图标，表示该动作组或动作不能被执行；当某一命令前没有该图标，则表示该命令不能被执行。

● "展开 / 折叠"按钮 ▶ / ▼：单击该按钮可以展开 / 折叠动作组，以便查看动作组的组成。

● "创建新组"按钮 □：单击该按钮可以创建一个新的动作组。

● "创建新动作"按钮 ◰：单击该按钮可以创建新的动作。

● "开始记录"按钮 ●：单击该按钮可以录制动作。

● "停止播放 / 记录"按钮 ■：该按钮一般呈现灰色，为不可用状态，当在记录动作或播放动作时呈现出可用状态，单击该按钮可以停止当前的记录或播放操作。

● "播放选定的动作"按钮 ▶：单击该按钮可以播放当前选择的动作。

● "删除"按钮 🗑：当选择动作组、动作和命令后，单击该按钮可以将其删除。

"动作控制面板"中的"序列"在使用意义上与"图层"控制面板中的"图层组"相同，如果录制的"动作"较多，可将同类"动作"保存在一个"动作序列"中，以便查看。

3. "动作"与"自动化"命令的区别

"动作"与"自动化"命令都可提高工作效率，不同之处在于，"动作"的灵活性更大，而"自动化"命令类似于由 Photoshop 录制完成的"动作"。

"自动化"命令包括"批处理""PDF 演示文稿""创建快捷批处理""裁剪并修齐照片""Photomerge""合并到 HDR Pro""镜头校正""条件模式更改""限制图像"等 9 个命令。

4. "木质画框"效果——"动作"的使用

（1）选择"文件"→"打开"命令，打开文件"素材图像 28"，如图 5-45 所示。

图 5-45　原始图像

（2）按"Alt +F9"组合键 或"F9"，在弹出的"动作"控制面板中选中"木质画框"动作，然后在"动作"面板中点按"播放"按钮，将自动为图像增添了"木质画框"效果，效果如图 5-46 所示， "动作"面板如图 5-47 所示。

图 5-46　"木质画框"效果　　　　　　　　　图 5-47　　"动作"面板

5."去色"效果——"动作"编辑

（1）选择"文件"→"打开"命令，打开文件"女学生"，如图 5-45 所示。

（2）选择"窗口"→"动作"命令，将弹出"动作"面板。单击"动作"面板上"创建新组"按钮，打开"新建组"对话框， "动作组"名称为"人物去色"，如图 5-48 所示，单击"确定"按钮，新建一个动作组，如图 5-49 所示。

图 5-48　"新建组"对话框　　　　　　　　图 5-49　　"动作"面板

（3）单击"动作"面板上"创建新动作"按钮，打开"新建动作"对话框，动作名称输入为"去色"，将颜色设置为"灰色"，如图 5-50 所示，单击"确定"按钮，新建一个动作，单击"开始记录"按钮 ●，开始录制动作，此时，面板中的"开始记录"按钮 ● 会变成红色，如图 5-51 所示。

图 5-50　"新建动作"对话框

图 5-51　"动作"面板

（4）选择"图像"→"调整"→"去色"命令，将上述命令都记录为"动作"，去色效果如图 5-52 所示。

图 5-52　"去色"效果

（5）按下"Shift+Ctrl+S"组合键，将文件另存为"人物去色"，然后关闭；单击"动作"面板上"停止播放 / 记录"按钮■，完成"动作"的录制。

（6）再次打开文件"素材图像 28"，在"动作"面板中选择"人物去色"，单击"播放选定的动作"按钮▶，这时"素材图像 28"文件会"自动"执行"去色"命令，变成"灰色"效果。

5.2.2 　"自动化"命令的应用

在 Photoshop 中，除了可以应用相关的动作操作提升对图像的编辑速度外，还提供了一系列"自动化"命令帮助用户成批量地对图像进行编辑处理。

1. 关于"自动化"

选择"文件"→"自动"，可见其子菜单如图 5-53 所示，其主要包括"批处理""PDF演示文稿""创建快捷批处理""裁剪并修齐照片""Photomerge""合并到 HDR Pro""镜头校正""条件模式更改""限制图像"等 9 个命令。

图 5-53 "自动"子菜单

●批处理："批处理"图像即成批地对图像进行整合处理；"批处理"命令可以自动执行"动作"面板中已定义的动作命令，即将多步操作组合在一起作为一个"批处理"命令，将其快速应用于多张图像，同时对多张图像进行处理，从而在很大程度上节省了处理时间，提高了工作效率。

● PDF 演示文稿："PDF"格式是一种跨平台的文件格式，"Adobe Illustrator"和"Adobe Photoshop"都可以直接将文件存储为"PDF"格式。

●创建快捷批处理：使用该命令可将系统默认或新创建的动作单独作为一个载体，对图像进行批量处理，其应用非常广泛，可同时对多个图像进行操作，如添加画框、添加水印等。

●裁剪并修齐照片：使用该命令不仅可以将图像中不必要的部分最大限度地裁剪，还能自动调整图像的倾斜度，多应用于对打印图像的分解上。

● Photomerge：使用该命令可将使用普通相机拍摄角度相同的多张图像进行合成，快速得到全景图像，使合成后图像呈现一种大气、开阔的感受。

●合并到 HDR Pro：HDR 图像时通过合成多幅以不同曝光度拍摄的同一场景或同一人物的照片而创建的高动态范围图片，主要用于影片、特殊效果、3D 作品及某些高端图片。

●镜头校正：利用该命令对批量图像进行镜头校正。

●条件模式更改：利用该命令可根据图像原来的模式将图像的颜色模式更改为用户指定的模式。

●限制图像：利用其命令可以限制图像的尺寸。

2."全景图"效果——"Photomerge"命令的基本应用

本案例通过"Photomerge"命令，合成全景图，效果如图 5-54 所示。

图 5-54　全景图效果

（1）选择"文件"→"打开"命令，打开文件中的 3 幅图像。

（2）选择"文件"→"自动"→"Photomerge"命令，弹出"Photomerge"对话框，单击"添加打开的文件"按钮，此时打开的"图像"被添加到"文件列表框"中。其他设置如图 5-55 所示。

（3）单击"确定"按钮，软件会自动对图像进行合成，命名为"全景图"。"图层"面板如图 5-56 所示，效果如图 5-54 所示。

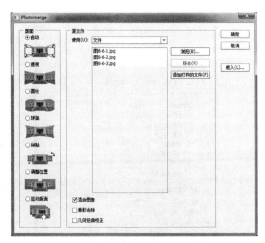

图 5-55　"Photomerge"对话框

图 5-56　"图层"面板

3. "PDF 演示文稿"效果——"PDF 演示文稿"命令的基本应用

本案例通过制作"PDF 演示文稿"效果，让读者进一步了解"自动化"命令的应用；如图 5-57 所示，可以使用"Adobe Reader XI"打开查阅。

图 5-57　"PDF 演示文稿"效果

（1）选择"文件"→"自动"→"PDF 演示文稿"命令，弹出"PDF 演示文稿"对话框，如图 5-58 所示。

（2）在"PDF 演示文稿"对话框中，单击"浏览"按钮，弹出"打开"对话框，按住

Ctrl 键，点击刚打开的其中两张图像，将这 7 个 "文件" 同时打开。此时可见在 "源文件" 列表框中显示所添加的所有文件，如图 5-59 所示。

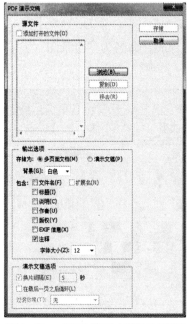

图 5-58 "PDF 演示文稿" 对话框

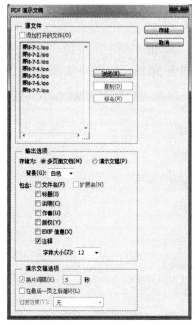

图 5-59 添加文件后 "PDF 演示文稿" 对话框

（3）单击 "存储" 按钮，弹出 "存储" 对话框，设置相应保存 "路径" 和 "名称"，如图 5-60 所示，单击 "保存" 按钮，弹出 "存储 Adobe PDF" 对话框，如图 5-61 所示。

图 5-60 "存储" 对话框

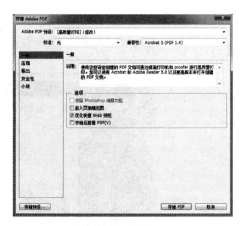

图 5-61 "存储 Adobe PDF" 对话框

（4）单击 "存储 PDF" 按钮，将文件存储为 "PDF" 格式，在相应文件夹中可以查看 "PDF 文件"，并可以使用 "Adobe Reader XI" 打开查阅，如图 5-57 所示。

5.3 项目实训

5.3.1 项目实训 1 —— 邮票制作

［案例说明］

本案例制作出的效果如图 5-62 所示。本例主要应用"选定工具""文字工具""定义图案"及"填充"等工具和命令操作完成。扫一扫二维码 5-1，可观看实操演练过程。

图 5-62 完成效果

二维码 5-1

［制作步骤］

（1）按"Ctrl+N"组合键新建一个文件，在弹出对话框中设置如图 5-63 所示，点按"确定"创建新文件。

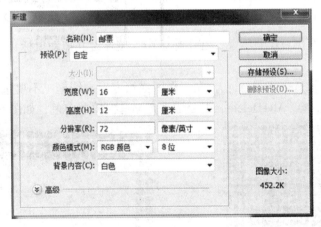

图 5-63 新建文件

（2）设置前景色为黑色，在工具箱中选用"椭圆选框工具"，按住 Shift 键同时在工作区描绘一正圆选区，按"Alt+Delete"组合键为正圆选区填色，效果如图 5-64 所示。

121

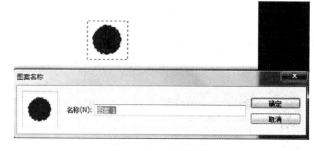

图 5-64　描绘正圆　　　　　　　　　　　图 5-65　定义图案

（3）在工具箱中选择"矩形选框工具" ，在正圆点外围描绘方形虚线框，选择"编辑"菜单→"定义图案"命令，弹出"定义图案"对话框如图 5-65 所示。

（4）单击"确定"按钮后，按"Ctrl+D"组合键取消方形选框，并设置背景色为白色，点按"Alt+Delete"组合键为工作区填色，如图 5-66 所示。

（5）在工具箱中选择"图案图章工具" ，在工具属性栏中会自动保存了刚定义的图案，点按工具属性栏中"图案"旁的倒立三角形符号就能见到，如图 5-67 所示。

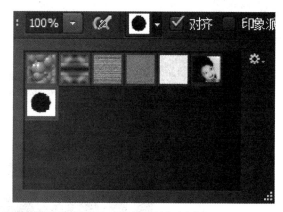

图 5-66　背景色填充白色　　　　　　　　图 5-67　选择刚定义图案

（6）选用"图案图章工具" ，在工作区中点按左键并拖动鼠标，描绘出如图 5-68 所示图案效果。

（7）选用"矩形选框工具" ，在工作区描绘方形虚线框（不要选中黑色正圆），设置前景色为白色，点按"Alt+Delete"组合键为方形选框填上白色，如图 5-69 所示。

图 5-68　图案效果　　　　　　　　　　图 5-69　绘制方形选框并填充白色

（8）选用"矩形选框工具" ⬚，在黑色正圆上描绘方形虚线框，选择"选择"菜单→"反选"命令，设置前景色为"黑色"，点按"Alt+Delete"组合键填黑色，如图 5-70 所示。

（9）打开文件"素材图像 29"，如图 5-71 所示。

图 5-70　反选并填黑色

图 5-71　打开"素材图像 29"

（10）使用"移动工具"将"素材图像 29"拖至"邮票"文件中，按"Ctrl+T"组合键适当调整大小，然后选用"矩形选框工具" ⬚在刚拖入的"素材图像 29"图像边缘画方形虚线框，并选择"编辑"菜单→"描边"命令，在弹出的对话框中选用黑色描边，如图 5-72 所示。

图 5-72　描边

（11）选择"文字工具"输入文字"中国邮政""60""分""CHINA"（字体均为"黑体"），根据需要设置"文字大小"，适当调整后效果如图 5-73 所示。

图 5-73　输入文字

123

5.3.2 项目实训 2 —— 鞋的效果图制作

［案例说明］

本案例制作出的效果如图 5-74 所示。本案例主要应用"魔棒工具""画笔工具""加深"及"减淡"等工具和命令操作完成。扫一扫二维码 5-2，可观看实操演练过程。

图 5-74 鞋的效果图

二维码 5-2

［制作步骤］

（1）按"Ctrl+N"组合键新建文件，在弹出对话框中设置如图 5-75 所示，单击"确认"按钮后创建新文件。

（2）打开随书光盘"素材图像 30"，如图 5-76 所示。

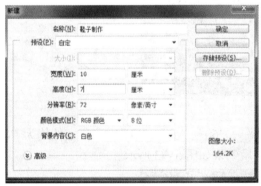

图 5-75 新建文件

图 5-76 线稿

（3）选择"魔棒工具" ，在魔棒工具的选项栏中点选"添加到选区"按钮 ，在画面"白色背景"的地方点选，直到把鞋形体以外的所有地方都选中，选取"选择"→"反选"命令后，再使用"移动工具" 将"鞋"拖至"新建"的文件中，得新图层"图层 1"，如图 5-77 所示。

图 5-77 选择对象

（4）单击"图层1"（激活"图层1"），选择工具箱中的魔棒工具，在选项栏中点选"添加到选区"按钮后，点选"鞋"为要填色的地方建立选区，设置前景色为"C：16，M：0，Y：33，K：0"，按"Alt+Delete"组合键填色，如图5-78所示。

（5）选用"减淡"工具，先设置笔头较大（"30"左右），曝光度为"30"，以下在鞋面上涂抹，然后设置笔头较小（"18"左右），曝光度为"60"左右，再在鞋面上涂抹（根据需要多设置几次效果更好），为鞋面添加"高光"，效果如图5-79所示。

图 5-78　填色

图 5-79　添加"高光"

（6）设置前景色为"灰色"，选用"画笔工具"进行"涂抹"，笔头、不透明度设置跟"减淡工具"的笔头、曝光度设置差不多，在鞋面上涂抹，适当添加暗部，效果如图5-80所示。

（7）继续使用魔棒工具（在选项栏中点选"添加到选区"按钮），点选"鞋"的其他部分（具体部位见图3.7）建立选区，设置前景色为"C：2，M：2，Y：13，K：0"，按"Alt+Delete"组合键填色，如图5-81所示。

图 5-80　添加暗部

图 5-81　其他部分填色

（8）同步骤5、步骤6一样给刚填色部分添加"高光"（亮部）、暗部，如图5-82所示。

（9）同理用"魔棒工具"（在选项栏中点选"添加到选区"按钮），为"鞋跟"部分建立选区，设置前景色为"C：16，M：0，Y：33，K：0"，背景色为白色，选择工具箱中的渐变工具，在渐变工具的选项栏中单击渐变设置按钮，在弹出对话框中选择"前景到背景"，在"鞋跟"选区中从下到上拉出渐变色，效果如图5-83所示。

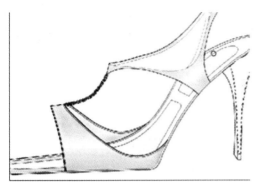

图 5-82 调整"高光"与"暗部"

图 5-83 渐变填充

（10）设置前景色为"灰色"，选用"画笔工具"，不透明度为"60"，笔头可大些，在"鞋跟"里面的选区上涂抹，使其变得较暗，然后选用"多边形套索工具"为"鞋跟"最下面深色部分建立选区并填色。选用"减淡"工具为最下面深色部分添加"亮部"，效果如图 5-84 所示。

（11）可选用"加深""海绵""减淡"及"模糊"等工具进行整体调整，完成效果如图 5-85 所示。

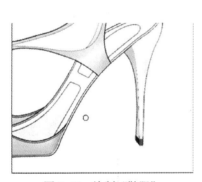

图 5-84 绘制"鞋跟"

图 5-85 完成效果

5.3.3 项目实训 3——"小鸡孵出"效果

[**案例说明**]

本案例制作出的效果如图 5-86 所示。本案例主要应用"椭圆选框工具""魔棒工具""画笔工具""加深""羽化"及"减淡"等工具和命令操作完成。扫一扫二维码 5-3，可观看实操演练过程。

图 5-86 小鸡孵出效果图

二维码 5-3

[制作步骤]

（1）按"Ctrl+N"组合键新建文件，在弹出对话框中设置如图 5-87 所示，点按"确认"
后创建新文件。

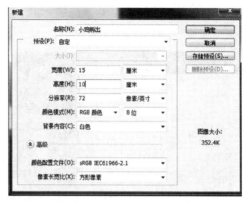

图 5-87　新建文件

（2）在"图层"面板底部，点按"创建新图层"命令，新建"图层 1"；选择"椭
圆选框工具"绘制一椭圆形（鸡蛋外形），设置前景色为橙色（R：235、G：190、B：
157），如图 5-88 所示。点按"Alt+Delete"组合键填色，效果如图 5-89 所示。

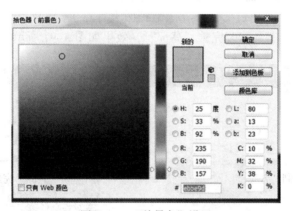

图 5-88　"前景色"设置

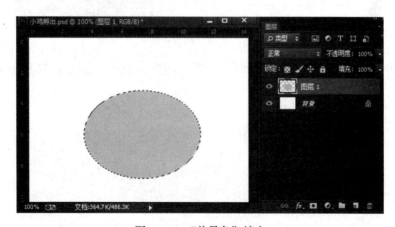

图 5-89　"前景色"填充

（3）在"图层"面板新建"图层 2"，设置前景色为"白色"，选择"画笔工具"，在画笔属性栏"笔头"设置为"柔边圆"，大小为"60"左右（开始设置为"90"左右，再根据需要变化"大小"），"不透明度"为"10%"左右，点选"喷笔"图标 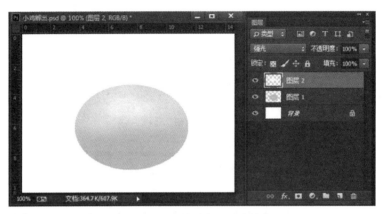；在"椭圆形上部分"慢慢地喷绘，在"图层"面板上方选择"图层混合模式"为"强光"，效果如图 5-90 所示。

图 5-90　"画笔喷色"绘制亮部

（4）按"Ctrl+E"组合键将"图层 2"与"图层 1"合并为"图层 1"；选择"加深"工具，曝光度小一点（设置不要超过"10"，画笔稍微大一点），加深背光的部分的阴影，多次加深；再选择"减淡"工具修改完善"亮部"，效果如图 5-91 所示。

图 5-91　"加深"和"减淡"

（5）选用"多边形套索工具"绘制小鸡啄出的蛋壳痕迹，如图 5-92 所示。

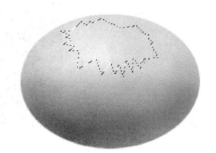

图 5-92　建立选区

（6）按 Delete 键，删除被选区域；选择"选择"→"变换选区"菜单命令，将选区适当往下拉一下，再选择"图像"→"调整"→"亮度/对比度"，亮度调到"60"左右，这时蛋壳皮有一定的"厚度"了，然后"加深"工具在上部分选区适当加深，如图 5-93 所示。

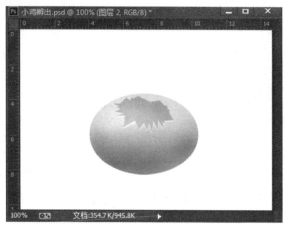

图 5-93　删除"选区区域"

（7）打开"素材图像 31"，如图 5-94 所示。

（8）选择"魔棒工具"，在"魔棒工具"的属性栏中设置"容差"为"80"，在"小鸡"图像上半身上点选，然后点选"添加到选区"按钮，将容差变成"30"左右继续"点选"。再选择"套索工具"，在属性栏点选"从选区减去"按钮，根据需要调整选区，得到的"选区"效果如图 5-95 所示。

图 5-94　图像"小鸡"

图 5-95　为"小鸡"建立选区

（9）使用"移动工具"将"选区中小鸡"拖至"鸡蛋"文件中，按"Ctrl+T"组合键适当调整大小，如图 5-96 所示。

（10）在"图层"面板将刚拖入的"小鸡"层"透明度"降低到"30%"左右，然后点按"多边形套索工具"，根据"啄出的蛋壳痕迹"的"基本形"绘制不规则"选区"，如图 5-97 所示。

129

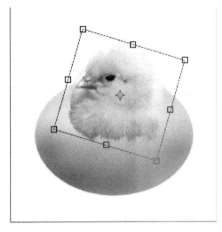

图 5-96　调整对象

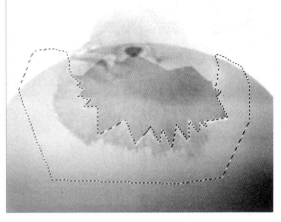

图 5-97　建立选区

（11）点击刚拖入的"小鸡"层，将"透明度"设为"100%"，按 Delete 键删除被选部分。再使用"套索工具"选中"小鸡"的"多余部分"，然后将其删除，适当调整后得到的效果如图 5-98 所示。

图 5-98　完成效果

（12）如果想制作"阴影"效果，可用"椭圆选框工具"在"鸡蛋"的下部分绘制一"**椭圆形**"（将"羽化值"设置为"40"左右），如图 5-99 所示。将前景色设置为"**深灰色**"，按"**Alt+ Delete**"组合键填色，然后根据需要适当调整，如图 5-100 所示。

图 5-99　建立选区

图 5-100　添加阴影效果

第 6 章

文本的创建与编辑

　　"图文"不分家，在 Photoshop 实践应用中，"文字"具有不可替代的重要作用；通过本章的学习，读者将会了解到文字创建、修改和处理等的步骤和方法，掌握一些常见文字的特殊效果的制作。

6.1　文字的基本操作

　　Photoshop 中的文字工具包括"横排文字工具""直排文字工具""横排文字蒙版工具"和"直排文字蒙版工具"4 种，单击 T. 按钮右下角的三角形就可以看到全部的文字工具，如图 6-l 所示。按键盘上的"Shift+T"组合键，可以在这 4 个文字工具之间进行切换，利用这些工具能够创建不同方向和形状的文字及选区。

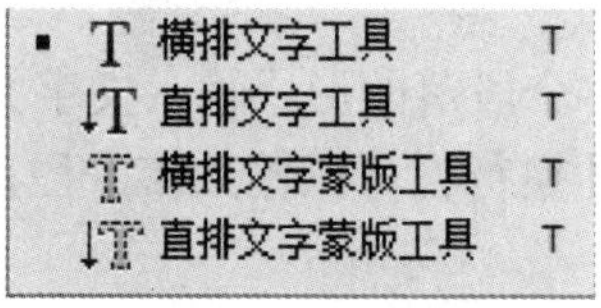

<table>
<tr><td>▪</td><td>T</td><td>横排文字工具</td><td>T</td></tr>
<tr><td></td><td>↓T</td><td>直排文字工具</td><td>T</td></tr>
<tr><td></td><td>T</td><td>横排文字蒙版工具</td><td>T</td></tr>
<tr><td></td><td>↓T</td><td>直排文字蒙版工具</td><td>T</td></tr>
</table>

图 6-1　文字创建工具

6.1.1　输入文字

1. 输入"横排"文字

　　在 Photoshop 中点击工具箱中的"文字工具"按钮 T.，选择横排文字工具，此时"文字工具属性栏"如图 6-2 所示。在图像上欲输入文字的地方单击鼠标左键，开始输入所需的文字，输入完毕，按快捷键"Ctrl+Enter"结束文字编辑状态。

图 6-2　"横排文字工具"属性栏

选择"横排"文字工具，输入的文字呈"横向排列"，如图 6-3 所示。

输入横排文字

图 6-3 "横排"文字

2. 输入"直排"文字

选择"直排"文字工具，在图像上欲输入文字的地方单击鼠标左键，开始输入所需的文字，输入完毕，按快捷键"Ctrl+Enter"结束文字编辑状态，如图 6-4 所示。

文字的水平与垂直的设置方法很多。在设置文字的排列方式时，可以选择"横排文字工具" T 或者"直排文字工具" IT 。也可以在创建后进行修改，方法有两种：一种是选择"图层"→"文字"→"水平"（或"垂直"）菜单命令进行转换；另外一种是单击文字工具属性栏中的"切换文本取向"按钮 IT 。

直排输入文字

图 6-4 "竖向"排列的文字

3. 输入"点"文字

"点"文字对于输入一个字或一行字符很有用，输入点文字时，每行文字都是独立的，行的长度随着编辑增加或缩短，但不会自动换行；输入的文字即出现在新的文字图层中。

选择"横排文字工具"或"直排文字工具"，在图像中点按后，为文字设置插入点。在"工具选项栏""字符控制面板"或"段落控制面板"中设置文字选项。输入所需的字符，点按选项栏中的"提交"按钮 ✓。如要另起一行，请按主键盘上的 Enter 键 。

4. 输入"段落"文字

"段落"文字对于以一个或多个段落的形式输入文字并设置格式非常有用。输入"段落文字"时，文字基于定界框的尺寸换行；可以输入多个段落并选择段落调整选项，如图 6-5 所示。

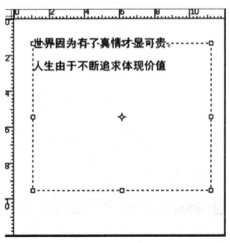

图 6-5 "段落"文字

我们可以调整定界框的大小，这将使文字在调整后的矩形内重新排列，也可以在输入文字时或创建文字图层后调整定界框，还可以使用定界框旋转、缩放和斜切文字。

具体操作如下：

（1）选择横排文字工具或直排文字工具。

（2）沿对角线方向拖移，为文字定义定界框。点按或拖移时按住 Alt 键，以显示"段落文本大小"对话框，输入"宽度"和"高度"的值，并点按"确定"按钮。

（3）在"工具选项栏"中设置文字选项。

（4）输入所需的"字符"，点按"工具选项栏"中的"提交"按钮确认。要另起一段，请按主键盘上的 Enter 键 ，如果需要，可调整定界框的大小、旋转或斜切定界框。

4．输入文字选区

使用"横排文字蒙版工具"或"直排文字蒙版工具"时，创建一个文字形状的选区，如图 6-6 所示，文字选区出现在图层中，并像任何其他选区一样可移动、拷贝、填充或描边。

图 6-6　文字形状的"选区"

为获得最佳效果，请在正常图像图层上而不是文字图层上创建文字选框。

具体操作如下：

（1）选择"横排文字蒙版工具"或"直排文字蒙版工具"。

（2）选择其他的文字选项，并在某一点或在定界框中输入文字。

（3）输入文字时现有图层上会出现一个红色的蒙版，文字提交后，现有图层上的图像中会出现文字选框。

6.1.2　编辑文字

1．创建文字图层

单击工具箱中的"文字工具"按钮 T，然后在图像上输入文字就可以创建一个文字图层。文字图层作为一种特殊的图层，它有一些操作与普通图层不同，如改变文字的排列方向等，下面分别做介绍。

利用文字工具在图像中输入文字，创建文字图层的具体操作步骤如下。

（1）选择"文件"→"新建"菜单命令，弹出如图 6-7 所示的对话框，在对话框中将"宽度"设置为 320 像素，将"高度"设置为 280 像素，然后单击"确定"按钮，建立一个新的文件。

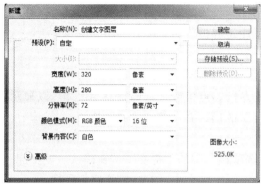

图 6-7 新建"文字"文件　　　　　　　　图 6-8 输入文字

（2）单击工具箱中的"横排文字工具"按钮，在图像中单击，出现闪烁的光标，在光标处输入文字"'互联网+'"，效果如图 6-8 所示。

（3）这时候，文字图层就建立成功了，在"图层"面板中就出现一个有"T"标志的文字图层，如图 6-9 所示。

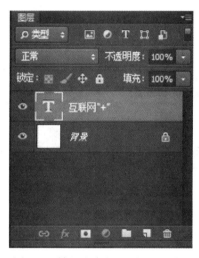

图 6-9　输入文字的"图层"面板

2. 设置文字属性

点击工具箱中的"文字工具"按钮，"文字工具"属性栏如图 6-10 所示，包括字体、大小、颜色等文字的基本属性选项。"字符"面板还可以通过执行"窗口"→"字符"菜单命令来显示。默认情况下"字符"面板和"段落"面板是一起出现的，以便用户快速进行切换运用。"字符"面板的功能与文字工具属性栏类似，但其功能更全面。

图 6-10　"文字工具"属性栏

若要设置文本的格式，可以在输入前先在工具选项栏中设置，也可以在输入文字以后用"文字工具"将要设文本格式的文字选中，再在此工具选项栏中进行设置。如果要控制文字的更多属性，可以单击"工具选项栏"右侧的显示文字和段落属性控制面板按钮，弹出如图 6-11 所示的"字符控制面板"，并进行相应设置。

"字符"面板还可以通过执行"窗口"→"字符"菜单命令来显示。默认情况下"字符"面板和"段落"面板是一起出现的，以便用户快速进行切换运用。"字符"面板的功能与"文字工具"属性栏类似，但其功能更全面。

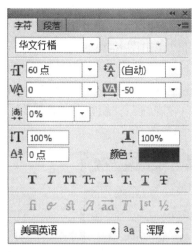

图 6-11　"字符"面板

3. 设置文字段落属性

在图 6-10 中，单击"切换字符和段落面板"按钮▤可弹出"段落"面板，如图 6-12 所示，这两个面板是用来设置文字的段落格式，面板包含了各种对齐和缩进格式的设置。

图 6-12 "段落"面板

面板中各参数的含义如下：

● 对齐方式：对齐方式按钮组▤▤▤　▤▤▤　▤：从左到右依次为左对齐文本、居中对齐文本、右对齐文本、最后一行左对齐、最后一行居中对齐、最后一行右对齐和全部对齐。

● 左缩进值▪▤：设置当前段落的左侧相对于左定界框的缩进值。

● 右缩进值▤▪：设置当前段落的右侧相对于右定界框的缩进值。

● 首行缩进值▪▤：设置选中段落的首行相对于其他行的缩进值。

● 段前间距：设置当前段落与上一段落之间的垂直间距。

● 段后间距：设置当前段落与下一段落之间的垂直间距。

● "避头尾法则设置"下拉列表框：可将换行行距设置为宽松或严格。

● "间距组合设置"下拉列表框：可以设置内部字符集间距。

● "连字"复选框：选择该复选框可将文字的最后一个英文单词拆开，形成连字符号，而剩余的部分则自动换到下一行。

4. 文字变形

在图 6-10 中，单击按钮可以弹出图 6-13 所示的"变形文字"对话框，在该对话框中可以对文字进行变形。

"样式"下拉列表框中有各种各样的变形效果，如图 6-14 所示，包括"扇形""下弧""上弧""拱形""凸起""贝壳""花冠""旗帜""波浪""鱼形""增加""鱼眼""膨胀""挤压""扭转"。

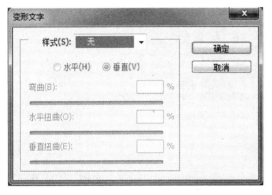

图 6-13　"变形文字"对话框　　　　图 6-14　变形文字"样式"下拉列表

下面简单制作几个变形效果的文字。

（1）将"为人民服务"设置为"扇形"变形效果。在"样式"下拉列表框中选择"扇形"选项，弹出对话框如图 6-15 所示。在该对话框上进行参数的设置，然后单击"确定"按钮，得到如图 6-16 所示的"为人民服务"文字效果。

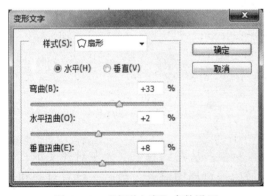

图 6-15　"变形文字"参数设置　　　　图 6-16　"扇形"变形后的文字效果

（2）将"为人民服务"设置为"挤压"文字变形效果。在"样式"下拉列表框中选择"挤压"，弹出"变形文字"对话框，如图 6-17 所示。在该对话框上进行参数的设置，然后单击"确定"按钮，得到如图 6-18 所示的"为人民服务"文字效果。

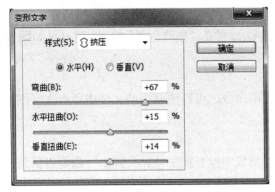

图 6-17　"变形文字"参数设置

图 6-18　"挤压"变形后的文字效果

对于其他变形文字的效果设置，读者可自己选择学习。

5. 拼写检查

如果要检查当前文本中英文单词拼写是否有误，可选择"编辑"→"拼写检查"命令，打开"拼写检查"对话框，检查到错误时，Photoshop 会提供修改建议，例如图 6-19 所示图像效果，执行"拼写检查"命令后，其对话框如图 6-20 所示，单击"更改"按钮，效果如图 6-21 所示。

图 6-19　拼写检查前

图 6-20　"拼写检查"对话框

图 6-21　拼写检查后

6. 查找和替换文本

"查找和替换文本"可以查找当前文本中需要修改的文字、单词、标点或字符，并将其替换为指定的内容。选择"编辑"→"查找和替换文本"命令，弹出如图 6-22 所示的"查找和替换文本"对话框，在"查找内容"选项内输入要替换的内容，在"更改为"文本框内输入用来替换的内容，然后单击"查找下一个"按钮，Photoshop 会搜索并突出显示查找到的内容，如果要替换内容，单击"更改"按钮；如果要替换所有符合条件要求的内容，可单击"更改全部"按钮，已经栅格化的文字不能进行查找和替换操作。

图 6-22　"查找和替换文本"对话框

对于图 6-19 所示文字效果，在"查找内容"选项中输入"Photoshop"，然后在"更改为"选项内输入"Photoshop"，其他设置如图 6-22 所示，单击"更改全部"按钮，就可见如图 6-21 所示效果。

7. 更新所有文字图层

选择"文字"→"更新所有文字图层"菜单命令，可以更新当前文件中所有文字图层的属性。

8. 替换所有缺欠字体

打开文件时，如果该文档中的文字使用了系统中没有的字体，会弹出一条警告信息，指明缺少那些字体，出现这种情况时，可以选择"文字"→"替换所有缺欠字体"菜单命令，使用系统中安装的字体替换文档中欠缺的字体。

9. "OpenType" 字体

"OpenType"字体是 Windows 和 Macintosh 操作系统都支持的字体文件，因此使用"OpenType"字体后，在这两个操作平台间交换文件时，不会出现字体替换或其他导致文本重新排列的问题。

输入文字或编辑文本时，可以在"文字工具"的属性栏或"字符"面板中选择"OpenType"字体，如图 6-23 所示。使用"OpenType"字体后，可在"字符"面板或"文字"→"OpenType"子菜单中选择一个命令，为文字设置格式，如图 6-24 及图 6-25 所示。

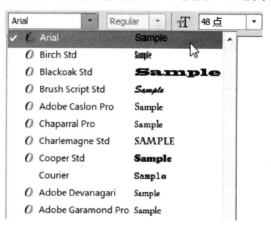

图 6-23　选择"OpenType"字体

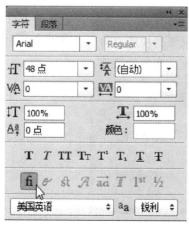

图 6-24　"字符"面板中设置格式

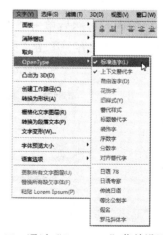

图 6-25　通过"OpenType"菜单设置格式

6.2　文字图层的转换

6.2.1　将"文字图层"转换成"图像图层"

文字图层是一种特殊的图层，它具有文字的特性，因此可以对文字大小、字体等进行修改，但无法对文字图层应用"画笔"→"描边"→"色彩调整"等命令，这时需要先通过栅格化文字操作将文字图层转换为普通图层，才能对其进行相应的操作，这个转换的过程就是常说的栅格化文字图层。

栅格化文字图层有以下两种方法。

（1）选择文字图层后，执行"图层"→"栅格化"→"文字"命令，即可将文字图层转换为普通图层。

（2）选择文字图层后在图层名称上单击鼠标右键，在弹出的快捷菜单中选择"栅格化文字"命令。

文字图层栅格化操作后，文字图层效果如图 6-26 所示，转换后的文字图层可以应用各种滤镜效果及相关工具，但是却无法对文件进行字体方面的更改。

图 6-26　"文字图层"面板

6.2.2　将"文字图层"转换成"路径"

"文字图层"不仅仅可以转换成"图像"，还能转换成路径。执行"图层"→"文字"→"创建工作路径"命令，即可将文字图层转换成路径。

将文字图层转换成路径后，在"路径"面板上就出现一个工作路径，如图 6-27 所示。

当用"路径选择"工具选择"人民"两字时，可见此两字的路径显示出来，其他字的路径还是隐性的，此时，"为人民服务"文字的效果如图 6-28 所示。

图 6-27　"路径"面板　　　　　　　　　图 6-28　"路径"效果图

6.2.3　将"文字图层"转换成"形状"

将文字图层转换成形状的方法：执行"图层"→"文字"→"转换为形状"命令，即可将文字图层转换成形状。

将文字图层转换成形状后，"为人民服务"文字效果和转换成路径的效果一样，在"路径"面板上也同时出现一个工作路径，和转换成路径所不同的是，其"图层"面板效果如图 6-29 所示，其中文字图层 变为 。

图 6-29　转换形状后"图层"面板

6.3　沿路径绕排文字

可以使用钢笔或形状等工具绘制"路径"，然后沿着该路径键入"文本"，"路径"没有与之关联的像素，可以将它想象为文字的引导线。例如，要使"文本"成球形分布，可以使用椭圆工具围绕该球形绘制一条路径，然后在该路径上键入文本，如图 6-30 所示。

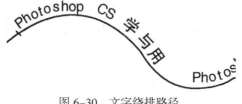

图 6-30　文字绕排路径

下面举例讲解 Photoshop "沿路径绕排文字"的具体使用方法。

（1）按 "Ctrl+N"组合键新建文件（宽、高度都为 6 厘米，其他设置默认即可），如图 6-31 所示。

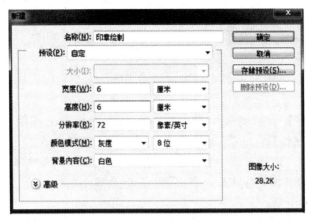

图 6-31　新建文件

（2）在工具箱中选择 "椭圆形状工具"，在工具属性栏中选择 "路径"按钮，然后按住 Shift 键同时使用 "椭圆"形状工具绘制一 "正圆形路径"，如图 6-32 所示。

（3）在工具箱中选择 "横排文字"，将此工具指针 I 放于 "正圆"路径上，直至光标变为 "⚓"的形状，单击鼠标左键，然后键入所需的文字，如图 6-33 所示。

（4）选择 "直接选择"工具或 "路径选择"工具，并将它定位在文字上。指针会变为带箭头的 I 形光标。点按并拖移文字以跨越到路径的另一侧。然后按 "Ctrl + Enter"组合键确定即可，如图 6-34 所示。

图 6-32　绘制 "正圆形路径"

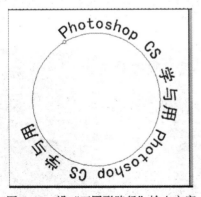

图 6-33　沿 "正圆形路径"输入文字

图 6-34　完成效果

6.4　创建异形轮廓段落文本

异形轮廓段落文本是指使输入的文本内容以一个规则路径为轮廓，将文本置入该轮廓中，使段落文字的整体外观有所变化，形成图案文字的效果。

此功能与沿路径绕排文字有所类似，都需要依靠路径进行辅助，结合路径创建出不规则的图案类文字编排效果。

下面通过一个简单案例来讲解"创建异形轮廓段落文本"的应用，制作如图 6-36 所示效果。

（1）执行"文件"→"打开"命令，打开与图中相似的图像，单击工具栏中"自定形状工具"，在其属性栏中选择"形状"，"形状"项选择"鸟 2"形状，如图 6-35 所示。

（2）若在属性栏"形状"项中找不到"鸟 2"形状，可以单击 ✿ 按钮，然后在弹出菜单中执行"全部"命令，然后在"是否全部中的形状替换当前的形状"对话框中选择"确定"按钮便可，如图 6-36 所示。

图 6-35　异形轮廓段落文本的效果图

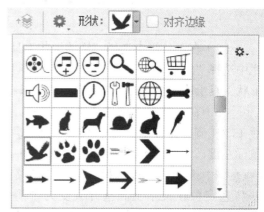

图 6-36　"形状"选项效果图

（3）取消输入法，按"D"键，将前景色/背景色设置为黑色/白色，在图像编辑窗口中拖动绘制"鸟 2"形状，然后再执行"编辑"→"自由变换"命令或使用"Ctrl+T"组合键，调整"形状 1"图层中"鸟 2"的大小及方向，"图层"面板如图 6-37 所示，效果如图 6-38 所示。

图 6-37　"图层"面板

图 6-38　绘制"鸟 2"后效果图

（4）单击"横排文字工具" T ，在"字符"面板中设置文字字体为"Arial"、字体大小为"8 点"及颜色为"红色"，其他参数如图 6-39 所示。

（5）当将光标移动到图像编辑窗口中"鸟 2"路径附近靠内面时，光标变为 形状，此时在绘制的路径内单击左键，光标自动在路径内定位文本插入点，同时显示出段落文本框，如图 6-40 所示。

图 6-39　"字符"面板

图 6-40　绘制"鸟 2"后效果图

（6）在文本插入点后输入文字"1"或"0"，此时可以看到，输入的文字自动以路径为段落轮廓进行排列。还有一种比较便捷的方法可以把事先准备好的文字存储在 Word 文档中，打开 Word 中数码数字 .doc 文档，按"Ctrl+A"组合键全选，然后在图像编辑窗口中按"Ctrl+V"组合键进行粘贴，这样就避免了输入大量文字的烦恼，最终效果如图 6-41 所示。

图 6-41　输入"0"或"1"后图像效果

图 6-42　选择"鸟 2"后效果图

（7）完成输入后的属性栏中单击"提交所有当前编辑"按钮 确认文字的输入，在"图层"面板单击"形状 1"作为当前编辑图层，按下 Ctrl 键，然后在"图层"面板中用鼠标点击"形状 1"图层中"图层缩览图" ，只见图像编辑窗口中"鸟 2"被选择中，效果如图 6-42 所示。

（8）单击"图层"面板中"创建新图层"按钮 ，新建"图层 1"，然后单击"图层 1"作为当前编辑图层，执行"编辑"→"描边"菜单命令，在弹出的对话框中将描边宽度设置为"2 像素"，如图 6-43 所示，单击"确定"按钮，按组合键"Ctrl+D"取消选区。

（9）在"图层"面板中单击"形状 1"作为当前编辑图层，单击该图层的"指示图层可见性"图标 👁，隐藏该图层。单击"图层 1"作为当前编辑图层，单击鼠标右键，在弹出的快捷菜单中选择"混合选项"命令，在弹出的"图层样式"对话框中，勾选"描边"及"投影"选项，并采用其默认参数，如图 6-44 所示。

图 6-43　"描边"对话框

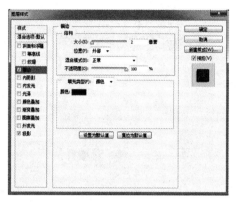

图 6-44　"图层样式"对话框

（10）此时即可得到"鸟 2"的文本图案效果，如图 6-35 所示，"图层"面板如图 6-45 所示。

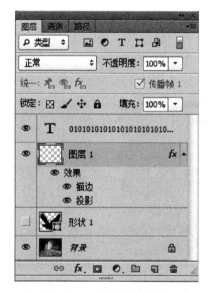

图 6-45　"图层"面板

6.5　项目实训

6.5.1　项目实训 1 —— 黑白效果文字

［案例说明］

本案例效果如图 6-46 所示。本案例主要用到"选框工具""文字工具""渐变工具"

等工具和命令操作完成。扫一扫二维码 6-1，可观看实操演练过程。

图 6-46　黑白效果文字效果图　　　　　　　二维码 6-1

[**制作步骤**]

（1）按"Ctrl+N"组合键新建一个文件，在弹出对话框中设置如图 6-47 所示，点按"确定"创建新文件。

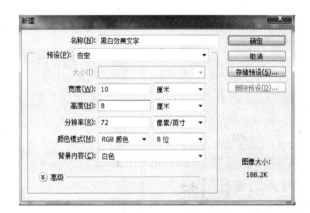

图 6-47　新建文件

（2）选择"矩形选框工具" ，绘制一"矩形"选区；设置前景色为"黑色"，按"Alt+Delete"组合键为选区填色，效果如图 6-48 所示。

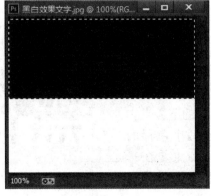

图 6-48　填色

（3）设置前景色为"白色"，选择"横排文字工具"，输入文字"黑白效果"，字体为"黑体"，大小为"65"左右，如图 6-49 所示。

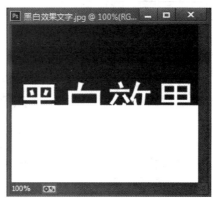

图 6-49　输入文字

（4）在"图层"面板上选择"黑白效果"文字层并单击鼠标右键，在弹出菜单中选择"栅格化图层"，栅格化"文字"图层，然后点按"锁定透明像素"按钮 ▢ ，如图 6-50 所示。

图 6-50　"图层"面板

图 6-51　渐变编辑器

（5）设置前景色为"白色"，背景色为"黑色"；选择"渐变工具" ▣ ，在渐变工具的选项栏中单击"渐变设置"按钮 ▭ ，在弹出对话框中选择"前景到背景"，然后在"编辑渐变条"的下方点击，添加并调整色标（中间是有两个色标的，分别是白色和黑色，一个因为重叠在一起了，所以中间也只显示一个色标），如图 6-51 所示。

图 6-52　黑白文字效果

（6）从上往下为"黑白效果"拉出渐变效果，如图 6-52 所示（一次拉不好，可多拉几次，也可拉出渐变效果后适当上下移动"黑白文字"位置）。

6.5.2　项目实训 2 —— 花朵文字

[案例说明]

本案例效果如图 6-53 所示。本案例主要用到"文字工具""渐变工具""自由变换""创建剪贴蒙版"及"图层样式"等工具和命令操作完成。扫一扫二维码 6-2，可观看实操演练过程。

图 6-53　"花朵文字"效果

二维码 6-2

[制作步骤]

（1）按"Ctrl+N"组合键新建一个文件，在弹出的对话框中设置如图 6-54 所示（如果要打印输出，分辨率一般设置为"300"），点按"确定"后创建新文件。

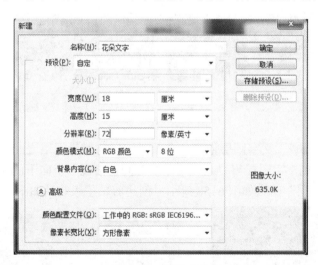

图 6-54　新建文件

（2）点击"前景色" ，将前景色设置为"白色"；再点击"背景色" ，将背景色设置为"蓝色"。选择"渐变工具" ，再选择属性栏中的"径向渐变"。将鼠标放在画布的正中央竖直向上或者竖直向下拉出一个渐变，如图 6-55 所示。

图 6-55 "径向渐变"填充

（3）打开"素材图像 32"，选择"移动工具" ，将花朵图片拖至图像文件中，生成"图层 1"，将其重命名为"花朵"。调整花朵图片，按"Ctrl+T"快捷键，对花朵进行变换，使花朵覆盖背景层，变化好后，按 Enter 键确认变换，如图 6-56 所示。

图 6-56 拖入花朵图片

（4）选择"横排文字工具" ，选择自己喜欢的一种字体，将字号设为"150 点"，在图片上输入文字"光明温暖"，如图 6-57 所示。

图 6-57 输入文字

（5）将"光明温暖"文字图层拖到"花朵"图层与背景图层之间，选中文字图层，再按 Alt 键，将鼠标移到文字图层与"花朵"图层之间，出现一个向下的小方框，点击一下，创建剪贴蒙版，"图层"面板如图 6-58 所示，创建剪贴蒙版效果如图 6-59 所示。

图 6-58 "图层"面板

图 6-59 创建剪贴蒙版

（6）双击"文字图层"给文字图层加一个"投影图层样式"，如图 6-60 所示，文字颜色设为"#c0c0c0"，"等高线"设为"环形"。最终效果如图 6-53 所示。

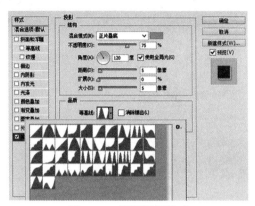

图 6-60 投影图层样式

6.5.3 项目实训 3 ——玉石文字

[案例说明]

本案例效果如图 6-61 所示。本例主要用到"文字工具""渐变工具""自由变换""创建剪贴蒙版"及"图层样式"等工具和命令操作完成。扫一扫二维码 6-3，可观看实操演练过程。

图 6-61 "玉石文字"效果   二维码 6-3

[制作步骤]

（1）按"Ctrl+N"组合键新建一个文件，在弹出对话框中设置如图 6-62 所示（如果要打印输出，分辨率一般设为"300"），单击"确定"按钮后创建新文件。

图 6-62　新建文件

（2）选择"横排文字工具" T，选择圆润的字体，将字号设为"100 点"，在图片上输入文字"鉴"。

（3）新建"图层 1"，设置前景色为"黑色"，背景色为"白色"，选择"滤镜"→"渲染"→"云彩"，"图层"面板如图 6-63 所示，"云彩"滤镜效果如图 6-64 所示。

图 6-63　"图层"面板

图 6-64　"云彩"滤镜

（4）选择"选择"→"色彩范围"，弹出对话框如图 6-65 所示，点选云彩中的灰处，如图 6-66 所示。

图 6-65　"色彩范围"对话框

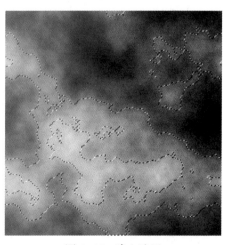

图 6-66　建立选区

（5）继续保持"选区"存在，新建"图层 2"，填充深绿色，按"Ctrl+D"组合键取消选区，如图 6-67 所示。

图 6-67 填充绿色

（6）将前景色设置为"深绿色"，背景色为"白色"，选中"图层 1"，使用渐变工具▣填充为由"前景色到背景色"的渐变，从左至右，图 6-68 填充绿色，如图 6-69 所示。

图 6-68 线性渐变

图 6-69 "图层"面板

（7）合并"图层 1"和"图层 2"，得到新的"图层 2"，如图 6-70 所示。

图 6-70 合并"图层"

（8）选中"图层 2"，按住 Ctrl 键，点击"文字图层"的缩略图，将文字"载入选区"，选择"图层"→"新建"→"通过拷贝的图层"命令，隐藏"图层 2"，得到"图层 3"，如图 6-71 所示，效果如图 6-72 所示。

图 6-71　"图层"面板

图 6-72　文字效果

（9）在"图层 3"上双击，打开"图层样式"，分别执行"斜面和浮雕""光泽""内阴影""外发光""投影"，参数如图 6-73、图 6-74、图 6-75、图 6-76、图 6-77所示。

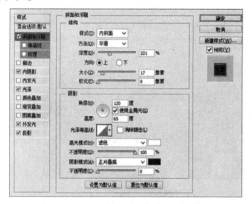

图 6-73　"斜面和浮雕"对话框

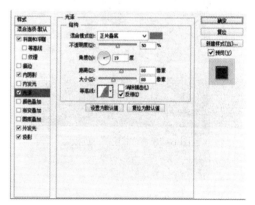

图 6-74　"光泽"对话框

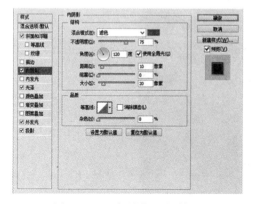

图 6-75　"内阴影"对话框

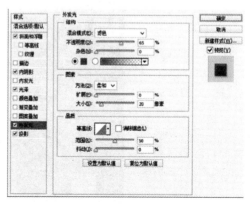

图 6-76　"外发光"对话框

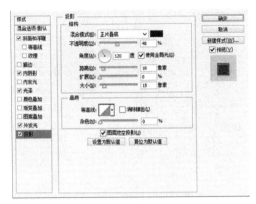

图 6-77　"投影"对话框

（10）拷贝"图层 3"，然后在"图层 3 副本"上选择"混合模式"为"滤色"，"不透明度"设置为"50%"，"图层"面板如图 6-78 所示，效果如图 6-79 所示。

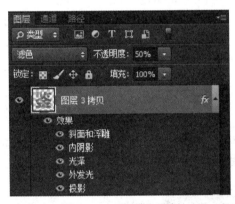

图 6-78　"图层"面板

图 6-79　完成效果

第 7 章

路径与形状

"路径与形状"就是用"钢笔工具""自由钢笔工具"或"形状工具"所描绘出来的线或形，它是 Photoshop 绘制图形的重要元素，也是创建选区最灵活、最精确的方法之一，比较适用于不规则的、难以使用其他工具进行选择的区域。本章主要讲解如何使用"钢笔工具""矩形工具"等绘制图形，再使用辅助绘图工具和命令调整编辑图形，最后对绘制的对象进行填充上色等。

7.1 用于绘制路径的工具

Photoshop 中提供了一组用于生成、编辑、设置"路径"的工具组，它们位于 Photoshop 软件中的工具箱浮动面板中，默认情况下，其图标呈现为"钢笔图标"，如图 7-1 所示。

图 7-1 "路径"工具组

使用鼠标左键点击"钢笔图标"并保持两秒钟左右，系统将会弹出隐藏的工具组，工具组中包含有"钢笔工具""自由钢笔工具"等专用于绘制"路径"。

7.1.1 钢笔工具

单击"钢笔工具" ♦. 按钮时，在屏幕的右上侧便弹出"钢笔工具"属性栏，如图 7-2 所示。钢笔工具可以创建比较精确的直线和平滑流畅的曲线，用钢笔工具绘图操作比自由钢笔工具更加方便、准确。

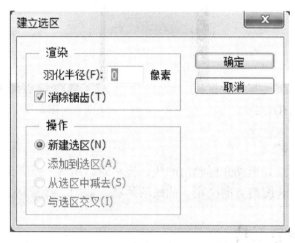

图 7-2　　"钢笔工具"属性栏

● "选择工具模式" 路径 ：包括"形状""路径"和"像素"3个选项。每个选项所对应的工具选项也不同。若选择"形状"选项，则可以使用"钢笔工具"或"自由钢笔工具"创造外形层、工作路径、填充区域；若选择"路径"选项，则可以使用"钢笔工具"或"自由钢笔工具"创建工作路径；若选择"像素"选项，则可以创建填充区域，只有选取工具箱中的"矩形工具"时才能显示，一般为不可操作状态，显示为灰色。

● "建立" 建立：选区… 蒙版 形状 ："建立"可以使路径与选区、蒙版和形状间的转换更加方便、快捷。若绘制完路径后单击"选区"按钮，则弹出"建立选区"对话框，如图7-3所示，在对话框中设置完参数后，单击"确定"按钮即可将路径转换为选区；若绘制完路径后单击"蒙版"按钮，则可以在图层中生成矢量蒙版；若绘制完路径后单击"形状"按钮，则可以将绘制的路径转换为形状图层。

图 7-3　　"建立选区"对话框

● "路径操作" ：其用法与选区相同，单击该按钮，在下拉菜单中可见"新建图层""合并形状""减去顶层形状""与形状区域相交""排除重叠形状"及"合并形状组件"命令，这些选项可以实现路径的相加、相减和相交等运算。其中："合并形状组件"命令可为现有形状或路径添加新区域；"减去顶层形状"命令可从现有形状或路径中删除重叠区域；"与形状区域相交"命令可将区域限制为新区域与现有形状或路径的交叉区域；"排除重叠形状"命令可从新区域和现有区域的合并区域中排除重叠区域。

● "路径对齐方式"：可以设置路径的对齐方式（文档中有两条以上的路径被选择的情况下可用）与文字的对齐方式类似。

● "路径排列方式"：设置路径的排列方式。

● "橡皮带"：单击按钮，可弹出"橡皮带"复选框，可以设置路径在绘制的时候是否连续。

● "自动添加/删除"：如果选择此复选框，绘制形状或者路径时，将鼠标指针移动到锚点上单击，将自动删除该锚点；将鼠标指针移动到没有锚点的路径上单击，将会自动添加锚点。

● "对齐边缘"：将矢量形状边缘与像素网格对齐，只有选取属性栏中的"形状"选项时才能使用，一般为不可操作状态，显示为灰色。

1. 绘制"直线路径"

"钢笔工具" 可用来绘制直线路径，画直线时，首先单击创建第一个开始的锚点，然后移动光标到另一位置，再单击下一个锚点，这两点间（开始锚点或终止锚点）就以直线连接。若同时按下 Shift 键，则所拉引的直线方向仅限于水平、垂直、倾斜"45°"，如图 7-4 所示。

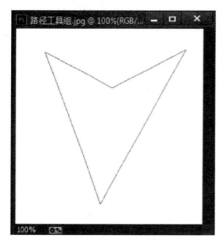

图 7-4　绘制直线路径

图 7-5　绘制曲线路径

2. 绘制"曲线路径"

通过单击指定的锚点并拖动光标画出曲线，拖动时，出现一条方向线从锚点起，往相反的方向延伸，方向线的长度与方向决定了曲线的形状，如图 7-5 所示。

7.1.2　自由钢笔工具

"自由钢笔工具" ，可以以自由拖移的方法直接绘制出路径。单击"自由钢笔工具"按钮时，在屏幕的右上侧便弹出"自由钢笔"选项栏，点按选项栏中"形状按钮"旁边的反向箭头将会弹出"自由钢笔选项"，如图 7-6 所示。若当前工具为"钢笔工具" ，按下"Shift+P"组合键，即可切换到"自由钢笔工具" 。其属性栏中的"自动添加 / 删除"选项 ☑自动添加/删除 转变为"磁性的"选项 ☑磁性的，选择该复选框后，在使用"自由钢笔工具" 绘制图形或者形状时，所绘制的路径会随着相似颜色的边缘创建。

图 7-6　"自由钢笔工具"属性栏

7.2　用于编辑路径的工具

7.2.1　节点增删工具

用"添加锚点工具" ![icon] 和"删除锚点工具" ![icon]，可以在路径上添加和删除锚点。

● 选择"添加锚点工具" ![icon]，将光标放在需要添加节点的路径上，当光标变为"添加锚点工具"图标时即可在路径上增加节点。

● 选择"删除锚点工具" ![icon]，将光标放在需要删除节点的路径上，当光标变为"删除锚点工具"图标时即可在路径上删除节点。

7.2.2　转换点工具

"转换点工具"可以将平滑曲线转换成尖锐曲线或直线段，反之亦然。选择转换点工具 ![icon]，并将光标放在要更改的锚点上单击并拖动，可以将此锚点转换为平滑锚点；反之如果使用此工具单击平滑锚点，可以将此锚点转换成为直线锚点；如果在绘制过程配合 Ctrl 键或 Alt 键那将会更加随心所欲地对"路径"或"形状"进行编辑。利用转换点工具 ![icon] 可把图 7-4 或图 7-5 的图形绘制调整成如图 7-7 所示的"心形"路径（"心形"路径，配合"路径选择工具"的调整效果会更好）。

图 7-7　"转换点工具"调整"心形"效果

7.2.3　路径选择工具

Photoshop 中用于选择路径的工具有"路径选择工具"和"直接选择工具"，如图 7-8 所示，通过这两个工具结合钢笔工具组中的部分其他工具可以对绘制后的路径曲线进行编辑和修改，完成路径曲线的后期调节工作。

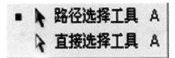

图 7-8　"选择"工具组

1. 路径选择工具

使用"路径选择工具" ▶可以选择整条路径。当选择至少两条路径曲线，然后单击选项栏中的组合按钮，将其组合为一条路径，还可以对选择的路径应用对齐（至少选择两条路径）和排列（至少选择三条路径）。

2. 直接选择工具

"直接选择工具" ▶用于选择并移动部分路径，在调节路径曲线的过程中起着举足轻重的作用，因为对"路径曲线"来说最重要的锚点的位置和曲率都要用"直接选择工具"来调节。

7.2.4　简易杯子绘制——钢笔工具基本应用

（1）选择"钢笔工具"，首先单击创建开始锚点，然后按 Shift 键，同时移动光标在右边适当位置点击左键绘制一直线，然后往下移动鼠标，调整线形，如图 7-9（a）所示；继续绘制，直到完成杯子的基本形状（初学者控制不好，完成后可用"转换点工具"调整形体），如图 7-9（b）所示。

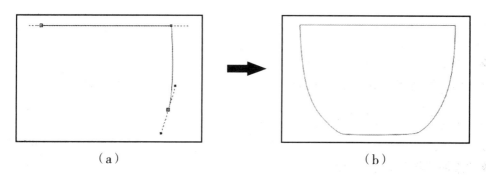

（a）　　　　　　　　　　　　　（b）

图 7-9　绘制杯子基本形状

（2）使用"钢笔工具"绘制杯子的手柄，如图 7-10 所示。

（3）再用"矩形选框工具"绘制两个长方形，然后设置前景色为"红色"（C：0，M：100，Y：100，K：0），按"Alt+Delete"组合键为刚绘制的长方形填色（也可用钢笔工具绘制长方形，然后在"路径"控制面板上点击"用前景色填充路径"，为"方形"路径填色），如图 7-11 所示。

（4）然后使用"钢笔工具"绘制两条直线，如图 7-12 所示，一只简单的杯子就完成了。

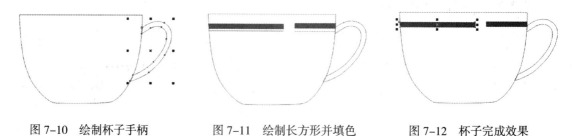

图 7-10　绘制杯子手柄　　　图 7-11　绘制长方形并填色　　　图 7-12　杯子完成效果

7.3 "路径"控制面板

如果说"画布"是"钢笔工具"的表现舞台，那么"路径"控制面板就是"钢笔工具"的后台了。我们所创建好的任何一条路径都会显示于"路径"控制面板中，要查看路径，必须先在路径调板中选择路径名，"路径"控制面板如图 7–13 所示。

图 7–13 "路径"面板

"路径"面板各按钮的含义如下。

● "用前景色填充路径" ■：可以用前景色填充路径。

● "用画笔描边路径" ○：可以用前景色和默认的画笔大小（画笔大小可设置）描边路径。

● "将路径作为选区载入" ▦：可以将当前选择的路径转换为选区。

● "从选区生成工作路径" ◇：可以将当前选区存储为工作路径。

● "添加蒙版" ▣：添加蒙版。

● "创建新路径" ◪：可以创建新路径。

● "删除当前路径" 🗑：可以删除当前路径。

7.3.1 显示"路径"控制面板

如果打开 Photoshop 找不到"路径"控制面板，可选取"窗口"菜单→"路径"命令即可调出"路径"控制面板。

7.3.2 创建"新路径"

使用"钢笔工具"沿物体边缘勾勒物体的轮廓。当终点与起点重合时，可形成一个封闭的路径，这时，"路径"面板中增加了一个工作路径，效果如图 7–14 所示，"路径"面板如图 7–15 所示。

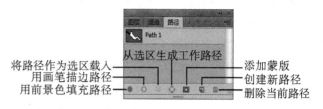

图 7-14　路径合闭后的效果　　　　　　　图 7-15　"路径"面板

（1）"非临时性路径"：点按"路径"控制面板底部的"创建新路径"按钮，可以创建空白路径，如果是第一次"新建"，系统会自动命名为"路径 1"，然后用"钢笔工具"绘制的"路径"后能自动保存，这种情况下绘制的路径可以称它为"非临时性路径"，如图 7-16 所示。

图 7-16　非临时性路径

（2）"临时性路径"：使用"绘制路径的工具"直接绘制路径时，Photoshop 会自动创建一个"工作路径"，这种情况下绘制的路径可以称为"临时性路径"，在没有保存的情况下，绘制的新路径会替代原来的旧路径，如图 7-13 所示。

7.3.3　选择或取消"选择路径"

如果要选择路径，请点按"路径"控制面板中相应的路径名，一次只能选择一条路径。如果要取消选择，请点按"路径"控制面板中的空白区域或按 Esc 键。

7.3.4　存储"工作路径"

如果要存储路径但不重命名它，请将目标工作路径拖移到"路径"控制面板底部的"创建新路径"按钮。

如果要存储并重命名，请在"路径"控制面板中点按右上角的小三角按钮，从弹出菜单中选取"存储路径"命令，然后在"存储路径"对话框中输入新的路径名，并点按"好"按钮。

7.3.5　删除路径

在"路径"控制面板中点按路径名。将路径拖移到"路径"控制面板底部的"回收站"按钮 🗑 。或在"路径"控制面板中点按右上角的小三角按钮 ▶，从弹出菜单中选取"删除路径"命令即可。

7.3.6　路径的复制及路径与选取的相互转化

1. 路径的复制

如果拖曳工作路径到"路径"面板中的"创建新路径"按钮，可以复制该路径；如果把工作路径拖曳到另一个新图像文件中，则可以把该路径复制到新图像文件中；也可用"路径选择工具"在编辑窗口中将路径选中，然后使用"Ctrl+C"组合键进行复制，然后新建的文件中用"Ctrl+V"组合键进行粘贴。如图 7-17 所示是直接在同一编辑窗口中复制后的"路径"面板的情况，如图 7-18 所示是把路径复制到新的文件中的效果。

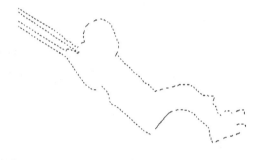

图 7-17　复制路径后的"路径"面板　　　图 7-18　复制路径后的效果

注意：路径也可以进行自由变化操作，只需要用"路径选择工具"把路径全部选中，就可以发现"编辑"→"自由变换"菜单命令变成了"自由变换路径"命令，操作方法和自由变换操作一样。

2. 路径和选区的相互转换

"路径"与"选区"是可以互相转换的，在很多情况下，路径的主要作用就是为了获得更精确的选区。可以先用路径工具绘制精确的路径轮廓线，然后把路径转换为选区。也可以将选区转换为路径，并使用"直接选择工具"进行微调。

（1）将"路径"转换成"选区"。

● 将开放"路径"转换成"选区"：如果"路径"是开放的，在转换成"选区"时，会假定它的两个端点之间有一条直线段，然后转换成"选区"。

● 直接以当前的"建立选区"设置来建立"选区"：在"路径"面板中选择一条路径，然后单击"路径"面板底部的"将路径作为选区载入"按钮 ▣ 即可。

● 设置"建立选区"描边选项后再建立"选区"：在"路径"面板中选择一条路径，然后在"路径"面板的面板菜单中选择"建立选区"命令，将弹出"建立选区"对话框，如图 7-19 所示。

图 7-19　"建立选区"对话框　　　　　　　图 7-20　转换后的选区

在"建立选区"对话框中，如果图像中已经存在选区，则"操作"选项组中的其余 3 个单选项将变得有效，设置好各选项后单击"确定"按钮，"路径"即转换成"选区"，如图 7-20 所示。

（2）将"选区"转换成"路径"。

选区可以转换成工作路径，需要的话，可以将创建的工作路径做进一步的处理。

当图像编辑窗口中有选区存在时，单击"路径"面板右上侧的面板按钮，将弹出面板菜单，如图 7-21 所示，选择"建立工作路径"命令，将弹出"建立工作路径"对话框，如图 7-22 所示。设置好"容差"选项后单击"确定"按钮即可。图 7-23 所示就是由一个自定义形状选区转化成的工作路径。

图 7-21　"路径"面板菜单　　　图 7-22　"建立工作路径"对话框　　　图 7-23　转换后的路径效果

7.4　关于形状

使用绘图工具创建形状图层和工作路径。形状与分辨率无关，因此，它们在调整大小、打印到 PostScript 打印机、存储为 PDF 文件或导入到基于矢量的图形应用程序时，会保持清晰的边缘。可以使用形状建立选区，并使用"预设管理器"创建自定形状库。

在工具箱中的选择矩形工具上单击鼠标"右键"，将弹出如图 7-24 所示的工具组，工具组中包括的工具有：矩形工具、圆角矩形工具、椭圆工具、多边形工具、直线工具和自定形状工具。

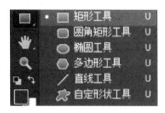

图 7-24　"形状"工具组

选择任意一种形状工具，工具选项栏显示类似于图 7-25 所示。

图 7-25　"形状工具"选项栏

对"形状"工具组中的各工具的简要介绍如下。

●矩形工具：使用此工具可以很方便地绘制出矩形或者正方形。只需单击"矩形"按钮，然后在画布上单击并拖动鼠标即可绘制出所需矩形。在拖动鼠标时如果按住 Shift 键，则可绘制出正方形。

●圆角矩形工具：使用此工具可以绘制具有平滑边缘的矩形。

●椭圆工具：使用此工具可以绘制椭圆或圆。其使用方法与"矩形工具"相同，在画布上拖动鼠标即可。

●多边形工具：使用此工具可以绘制出所需的正多边形。绘制时，起点为多边形的中心，终点为多边形的一个顶点，其中，属性栏中的"边"选项可控制所需绘制的多边形的边数。

●直线工具：使用此工具可以绘制直线和有箭头的线段。鼠标拖动的起始点为线段起点，拖动的终点为线段的终点。按住 Shift 键，可以使直线的方向控制在 0°、45°、90°。

●自定形状工具：使用此工具可以绘制出一些不规则的图形或是自定义的图形。其属性栏的拾色器如图 7-26 所示，从中可以找到很多预设的形状，以方便调用。

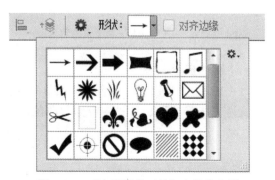

图 7-26　"自定形状工具"中的拾色器

当在属性栏中选择"形状"选项时，属性栏如图 7-27 所示。

| 填充： | 描边： | 3点 | W: 113.88 | H: 63.06 |

图 7-27　选择"形状"选项时的属性栏

下面介绍部分选项的含义。

● 填充：单击该按钮，在弹出的下拉面板中可以设置填充颜色。
● 描边：单击该按钮，在下拉面板可以设置路径形状的边缘颜色和宽度等。
● W：用于设置矩形路径形状的宽度。
● H：用于设置矩形路径形状的高度。

7.5　项目实训

7.5.1　项目实训 1 —— 雀鸟描绘

[案例说明]

本案例将制作出如图 7-28 的"雀鸟描绘"效果。本案例主要用到"钢笔工具""路径复制""路径转化为选区""画笔工具""选择工具""填充"及"图层样式"等命令和工具操作完成。扫一扫二维码 7-1，可观看实操演练过程。

图 7-28　雀鸟效果图

二维码 7-1

[制作步骤]

（1）选择"文件"→"新建"菜单命令，在"新建"对话框中设定图像宽度为"20 厘米"、高度为"16 厘米"、背景内容为"白色"，其他为默认，如图 7-29 所示。

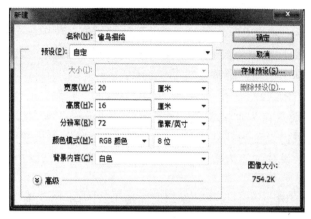

图 7-29　新建文件

（2）选择"文件"→"打开"菜单命令，打开文件"素材图像 33"。单击"素材图像33"，使其作为当前编辑图像，使用"钢笔工具"沿小鸟的边缘勾画出路径，选择"编辑"→"复制"菜单命令，效果及"路径"面板如图 7-30 所示。

图 7-30　"路径"面板

（3）复制"路径"到新建文件中，转化为"选区"并进行调整。单击"新建文件"，使其为当前编辑图像。打开"路径"面板，按"Ctrl+V"组合键对工作路径进行粘贴，并命名为"工作路径"；单击"将路径作为选区载入"按钮，产生一个选区；选择"选择"→"变换选区"菜单命令，调整选区大小，并移动到合适的位置。再次按"Ctrl+V"组合键，选择"编辑"→"自由变换路径"菜单命令，调整路径，并移动到合适的位置，如图 7-31 所示。

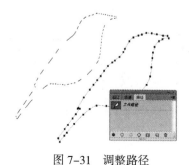

图 7-31　调整路径

图 7-32　画笔大小设置

（4）打开"图层"面板，新建一个图层并命名为"图层1"，把该图层作为当前编辑图层，设置前景色为"纯蓝色"，选择"编辑"→"填充"菜单命令，用前景色填充选区。选择"画笔工具"，属性栏中将画笔大小设置为硬边圆19像素，如图7-32所示，将前景色设置为"白色"，画出小鸟的眼睛。

（5）新建一个"图层2"，在"路径"面板中单击"将路径作为选区载入"按钮，产生一个新选区。设置前景色为"纯黄色"，选择"编辑"→"填充"菜单命令，用前景色填充选区。然后把前景色设置为"红色"，选择"画笔工具"，设置画笔为硬边圆16像素，画出小鸟的眼睛，然后设置画笔为柔边圆35像素，绕小鸟周边选区边缘涂抹，按"Ctrl+D"组合键取消选择。

（6）制作简单的阴影效果。单击"图层"面板中"图层2"，使其作为当前编辑图层，执行"图层"→"图层样式"→"投影"菜单命令，或右击当前图层，在弹出的快捷菜单中选择"混合选项"命令，在对话框中选择"投影"选项，适当调整参数，如图7-33所示，"图层"面板如图7-34所示。

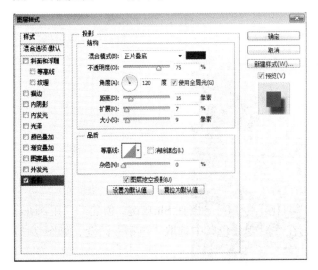

图7-33　"投影"样式　　　　　　　　　图7-34　"图层"面板

（7）最终产生如图7-35所示的效果，将文件以"雀鸟描绘"为文件名保存在指定文件夹中。

图7-35　雀鸟描绘

7.5.2　项目实训 2 —— "路径"文字效果

[案例说明]

本案例将制作出如图 7-36 的"路径"文字效果。本例主要用到"钢笔工具""渐变工具""选择工具""描边路径"及"涂抹"等命令和工具操作完成。扫一扫二维码 7-2，可观看实操演练过程。

图 7-36　路径文字效果图

二维码 7-2

[制作步骤]

（1）选择"文件"→"新建"命令，在"新建"对话框中设定图像宽度为"16 厘米"、高度为"12 厘米"，其他为默认，创建一个背景色为"白色"的文件。

（2）选择"椭圆选框工具"，属性栏"羽化"为"0"，按住 Shift 键，创建一"正圆形"选区，并使用"角度渐变"工具进行渐变，在"渐变颜色"中选取"色谱"渐变，如图 7-37 所示。

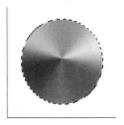

图 7-37　角度渐变

图 7-38　"画笔名称"对话框

（3）选择"编辑"→"定义画笔预设"命令，按"Ctrl+D"组合键取消选区；弹出"画笔名称"对话框如图 7-38 所示。

（4）点选"钢笔工具"，属性栏设置"类型"下拉菜单 路径 中选择"路径"，然后利用"钢笔工具"在图像编辑窗口中绘制"yes"路径，笔画要从顶端开始，如图 7-39 所示。

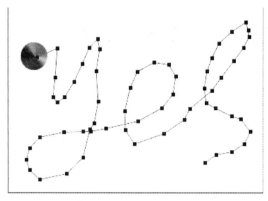

图 7-39　"yes" 路径

（5）选用"涂抹工具" ，在"涂抹工具"属性栏设置"强度"为"100%"，选中刚"定义的画笔"，然后在"画笔"面板中设置画笔"间距"为"3%"。

（6）单击"路径"面板，单击 按钮，在弹出菜单中选择"描边路径"命令，如图 7-40 所示；在"描边路径"对话框中选择"涂抹"工具进行"描边"，如图 7-41 所示，单击"确定"按钮，"路径"文字效果如图 7-42 所示。

图 7-40　"描边路径"　　　　图 7-41　"描边路径"对话框　　　　图 7-42　"描边路径"效果
　　　　菜单选项

（7）关闭路径，得到最终效果，如图 7-43 所示；将最后完成的效果以"路径文字"为文件名保存在指定文件夹中。

图 7-43　完成效果

7.5.3　项目实训 3——绘制可爱的小猪

［案例说明］

本案例制作出的效果如图 7-44 所示。本例主要用到"钢笔工具""路径转化为选区""转换点工具"等命令和工具操作完成。扫一扫二维码 7-3，可观看实操演练过程。

图 7-44　可爱的小猪效果图　　　　　　二维码 7-3

［制作步骤］

（1）按"Ctrl+N"组合键新建一个文件，设置如图 7-45 所示。

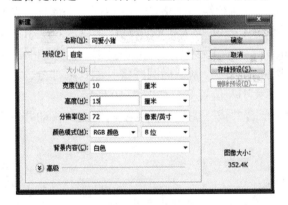

图 7-45　新建文件

（2）使用"钢笔工具"绘制一"椭圆"，然后利用"转换点工具"调整椭圆形状（如果在绘制过程配合 Ctrl 键或 Alt 键那将会更便于对"路径"或"形状"进行形体调整）；按"Ctrl+Enter"组合键，将刚绘制的椭圆（用"钢笔工具"绘制的形是"路径"）转换为选区；并为其填充淡淡的黄色（C：2，M：10，Y：20，K：0），效果如图 7-46 所示。

169

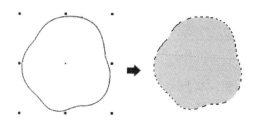

图 7-46　绘制形体并填色

（3）选择"编辑"→"描边"菜单命令，弹出的"描边"对话框，设置如图 7-47 所示；单击"确定"按钮后，效果如图 7-48 所示。

图 7-47　"描边"对话框

图 7-48　"描边"效果

（4）使用"钢笔工具"继续绘制"猪鼻""猪耳"等部分，调整其形状，颜色填充分别是猪鼻（C：5，M：56，Y：39，K：0），鼻孔为（C：66，M：58，Y：60，K：10），猪耳为（C：2，M：26，Y：40，K：0），并分别描边，效果如图 7-49 所示。

（5）利用"椭圆选框工具"绘制一椭圆并将其删掉一部分，填充黑色；然后复制椭圆并填充白色，适当调整其大小及位置等，如图 7-50 所示。

（6）将两椭圆的图层合并成一图层，然后复制椭圆，移动并调整其大小及角度等，如图 7-51 所示。

图 7-49　绘制猪鼻

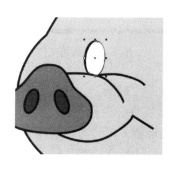

图 7-50　绘制猪眼

图 7-51　复制猪眼

（7）利用"椭圆选框工具"绘制一椭圆并填充黑色；然后使用"画笔工具"为其填充白色和蓝色，效果如图 7-52 所示。

（8）复制椭圆，并将其移到另一眼睛处，并调整其大小及角度等，如图 7-53 所示。将刚绘制的小猪的头部全部合并成一个"头部"图层。

图 7-52　绘制眼球

图 7-53　复制眼球

（9）使用"钢笔工具"给猪绘制衣服，然后调整其形状，颜色填充为"C：59，M：91，Y：0，K：0"，将刚绘制的"衣服"图层调整到"头部"图层下。效果如图 7-54 所示。

图 7-54　衣服的绘制

（10）使用"钢笔工具"绘制并调整猪手，颜色填充为"C：2，M：10，Y：20，K：0"，效果如图 7-55 所示。

图 7-55　手的绘制

171

（11）使用"钢笔工具"绘制蝴蝶结并填充红色，再为衣服绘制装饰条纹，装饰条纹的填充色为"C：15，M：24，Y：5，K：0"。效果如图 7-56 所示。

（12）使用"钢笔工具"绘制裤子，填充色为"C：100，M：10，Y：10，K：0"；将刚绘制的"裤子"图层调整到"衣服"图层下。效果如图 7-57 所示。

图 7-56　装饰物的绘制　　　　　　　　　　图 7-57　裤子的绘制

（13）使用"钢笔工具"绘制鞋子，填充色为"C：15，M：24，Y：5，K：0"；再绘制黑线和白色条纹。效果如图 7-58 所示。

（14）然后对整个卡通形象进行调整。完成效果如图 7-59 所示。

（15）选择菜单栏中的"文件→保存"命令（快捷键为"Ctrl + S"），将绘制的图形以"可爱的小猪"为文件名保存在指定文件夹中。

图 7-58　鞋子的绘制　　　　　　　　　　图 7-59　完成效果

第 8 章

通道与蒙版的应用

本章主要讲解"通道"和"蒙版"的基本知识，如通道与色阶、通道运算、保存图像颜色、存储选区、蒙版的分类、蒙版的特殊作用等。"通道"和"蒙版"具有强大的功能，与"图层"一样非常重要，在实践应用中，"通道"和"蒙版"常结合使用。

8.1　关于通道

在 Photoshop 中，"通道"的一个主要功能是保存图像的颜色信息。例如一个"RGB 模式"的图像，它的每一个像素的颜色数据是由红（R）、绿（G）、蓝（B）这三个通道来记录的，而这三个色彩通道组合定义后合成了一个"RGB"主通道。

通道的另外一个十分重要且常用的功能就是用来存放和编辑选区，也就是所谓的"Alpha"通道的功能。在"Alpha"通道上可以应用各种绘图工具和滤镜对选区做进一步的编辑和调整，从而创建更为复杂和精确的选区。

我们还可以创建"专色通道"，以指定用于专色油墨印刷的附加印版。

8.1.1　通道面板

对通道的处理主要是通过"通道"面板来进行（若该面板未出现，可通过执行"窗口"→"通道"命令），如图 8-1 所示。

在"通道"面板下方有几个快捷按钮： 按钮用于将通道作为选区载入； 按钮用于将选区储存为通道； 按钮用于创建新通道； 按钮用于删除当前通道。单击"通道"面板右上角的下三角按钮 ，弹出如图 8-2 所示的菜单。

图 8-1 "通道"面板　　　　　图 8-2 "通道"菜单选项

菜单各项命令的功能如下。

●新通道：新建一个"Alpha"通道。

●复制通道：复制当前通道。

●删除通道：删除当前通道。

●新建专色通道：新建一个专色通道。

●合并专色通道：合并专色通道。

●通道选项：设置专色通道或"Alpha"通道的属性。

●分离通道：将通道分离为单独的图像。

●合并通道：合并多个灰度图像。

●面板选项：设置通道缩览图的大小。

使用通道功能时，在"通道"面板上，可以建立新的通道，还可以复制、删除、隐藏和个别地显示通道，也可以单击通道，重新排列它的次序，显示"Alpha"通道编辑后的效果。

8.1.2 颜色通道

"颜色通道"包括一个复合通道（即所有颜色复合在一起的通道）和单个的颜色通道，用于保存图像的颜色信息。每一个颜色通道对应图像的一种颜色，例如"CMYK"图像中的"绿"通道保存图像的青色信息。

默认状态下，"通道"控制面板中显示所有的颜色通道，如果只单击其中的一个颜色通道，则仅显示此通道的颜色，如图 8-3 所示。

单击颜色通道左侧的眼睛图标，可以隐藏颜色通道或复合通道，再次单击可恢复显示。因此如果需要查看两种颜色合成效果时，可以显示这两种颜色通道。

默认情况下，"通道"控制面板中颜色通道的缩览图显示为"灰色"，如果要将其显示为彩色，可以选择"编辑"→"首选项"命令，在弹出的"首选项"对话框中点选"界面"，然后勾选"用彩色显示通道"选项即可。

图 8-3 只显示"红"通道的状态

在颜色通道中，白色代表当前通道所保存的颜色较多，反之如果某一个"颜色"中有大块黑色，则代表整体图像在相应的区域相应的颜色较少；如在"CMYK 模式"的图像中，颜色数据则分别由青色（C）、洋红色（M）、黄色（Y）、黑色（K）四个单独的通道组合成一个"CMYK"的主通道，而这四个通道也就相当于四色印刷中的四色胶片，即"CMYK"图像在彩色输出时可进行分色打印，将"CMYK"四原色的数据分别输出成为青色、洋红色、黄色和黑色四张胶片，在印刷时这四张胶片叠合即可印刷出色彩缤纷的彩色图像。

8.1.3　Alpha 通道

"Alpha"通道是我们经常用到的一种通道类型，通过它可以将选区以灰色图像的方式记录选区，将选区保存起来，当我们需要这些"选区"时，就可以方便地从"通道"将其调入。

"Alpha"通道具有下列属性：

● 每个图像最多可以包含 56 个通道（包括所有的颜色和 "Alpha"通道）。

● 可为每个通道指定名称、颜色、蒙版选项和不透明度（不透明度影响通道的预览，而不影响图像）。

● 所有的新通道都具有与原始图像相同的尺寸和像素数目。

● 可以使用绘画工具、编辑工具和滤镜编辑 "Alpha"通道中的蒙版。

1. 创建"Alpha"通道

点按"通道"控制面板底部的"新通道"按钮 。新通道将按创建顺序命名。可以创建一个新的 "Alpha" 通道，然后使用绘画工具、编辑工具和滤镜向其中添加蒙版。使用绘画或编辑工具在图像中绘画，用黑色绘画可添加到通道；用白色绘画可从通道中删除；用较低不透明度或颜色绘画可以将较低的透明度添加到通道。

如果创建 "Alpha"通道并要指定选项的话，可以按住 Alt 键并点按调板底部的"新通道"按钮。或选择"通道"控制面板弹出菜单中选取"新通道"命令。

2. 将"选区"存储为"Alpha 通道"

点按"通道"控制面板底部的"创建新通道"按钮 。"Alpha"通道即出现，并按照创建的顺序而命名，如图 8-4（原始图像为"素材图像 34"）、图 8-5 所示。

图 8-4　点按"创建新通道"按钮前

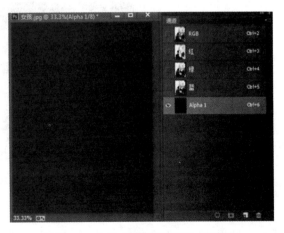

图 8-5　点按"创建新通道"按钮后

选取"选择"→"存储选区",在"存储选区"对话框中执行下列操作,并单击"确定"按钮,就可以将选区存储为"Alpha"通道。弹出有支持选区与"Alpha"通道间进行运算的"存储选区"的对话框,如图 8-6 所示,通过设置,能得到更为复杂的"Alpha"通道。

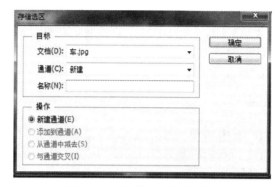

图 8-6 "存储选区"对话框

"存储选区"对话框中的参数含义如下。

●文档:在"文档"菜单中为选区选取目标图像。默认情况下,选区放在现用图像中的通道内。可以选取将选区存储到其他打开的且具有相同像素尺寸的图像的通道中,或存储到新图像中。

●通道:从弹出式"通道"菜单中为选区选取目标通道。默认情况下,选区存储在新通道中。

●名称:在"名称"文本框中为该通道输入一个名称。

●新建通道:可以在通道中替换当前选区。

●添加到通道:可以向当前通道内容添加选区。

●从通道中减去:可以在"Alpha"通道的基础上减去当前选区所创建的"Alpha"通道。

●与通道交叉:可以保持与通道内容交叉的新选区的区域。

下面通过一个简单的案例来说明"选区存储为 Alpha 通道"的应用。

(1)打开"素材图像 35",选择工具箱中的"磁性套索工具"为"小车"建立选区,如图 8-7 所示。

图 8-7 为"小车"建立选区

(2)在"通道"控制面板上点按"将选区存储为通道"按钮,得到的效果如图 8-8 所示(如果选中的不是"Alpha"通道,在"通道"面板上点击→"Alpha"通道即可)。

图 8-8 点击"将选区存储为通道"

（3）在"通道"控制面板上点击"RGB 通道"，图像显示效果与图 8-7 一样，只是通道中多了个"Alpha 通道"，如图 8-9 所示。

（4）选择工具箱中的"魔棒工具"，在工具选项栏"容差"设置为"55"左右，其他默认即可；然后在"小车"车尾部分需要"减选"的地方点击进行"减选"，如图 8-10 所示。

图 8-9 点击"RGB 通道"

图 8-10 点击"减选"

（5）选择菜单栏中的"选择"→"存储选区"命令，在弹出对话框中"通道"选项选"Alpha1""操作"选项选"与通道交叉"，如图 8-11 所示。

（6）点按"确定"确认后，在"通道"面板中单击"Alpha1"通道，效果如图 8-12 所示。

图 8-11 选项"与通道交叉"

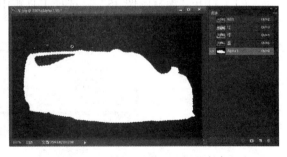

图 8-12 在"通道"面板上点击

（7）按住 Ctrl 键同时单击"Alpha1"通道，白色区域被建立了选区，在"通道"控制面板上点击"RGB 通道"，回到"图层"控制面板，我们看到"小车"被建立了选区，并且"车尾"部分被"减选"了，如图 8-13 所示。

图 8-13　减选

8.1.4　专色通道

"专色"是特殊的预混油墨，用于替代或补充印刷色（CMYK）油墨。在印刷时每种专色都要求专用的印版。因为光油要求单独的印版，故它也被认为是一种专色。

如果要印刷带有专色的图像，则需要创建存储这些颜色的专色通道。为了输出专色通道，请将文件以"DCS 2.0"格式或"PDF"格式存储。

8.1.5　"应用图像"与"计算"

使用"应用图像"命令（在单个和复合通道中）和"计算"命令（在单个通道中），可以使与图层关联的混合效果将图像内部和图像之间的通道组合成新图像。

"计算"命令首先在两个通道的相应像素上执行数学运算（这些像素在图像上的位置相同），然后在单个通道中组合运算结果。下列两个概念是理解计算命令工作方式的基础。

1. "应用图像"命令

选取"图像"→"应用图像"命令，弹出如图 8-14 所示对话框。

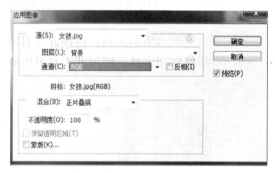

图 8-14　"应用图像"对话框

"应用图像"对话框中的参数含义如下。

●源：在该下拉列表中选择要与当前图像进行混合的原始图像名称。

●图层：在该下拉列表中选择要与当前图像混合的图层名称。

●通道：在该下拉列表中选择要与当前图像混合的通道名称。

●反相：将在"通道"下拉列表中选中的通道反相后，再进行混合。

●混合：在该下拉列表中选择两幅图像混合的混合模式。

●不透明度：可以设置混合时原始图像的不透明度。

●保留透明区域：只将效果应用到结果图层的不透明区域。

●蒙版：通过蒙版应用混合。

2. 使用"计算"命令

"计算"命令可以混合两个来自一个或多个源图像的单个通道。然后可以将结果应用到新图像或新通道，或现用图像的选区。不能对复合通道应用"计算"命令。

打开一个或多个源图像。选取"图像"→"计算"命令，弹出如图 8-15 所示对话框。

图 8-15　"计算"对话框

"计算"对话框中的参数含义如下。

●源 1：在该下拉列表中选择用与计算的第一个"源图像"。

●图层：在该下拉列表中选择用与计算的图层。要使用源图像中所有的图层，请选取"合并图层"。

●通道：在该下拉列表中选择用与计算的通道名称。

●源 2：在该下拉列表中选择用与计算的第二个图像。

●混合：在该下拉列表中选择两个通道进行计算时运用的混合模式。

●不透明度：控制在进行计算时所采用的不透明度。

●蒙版：通过蒙版应用混合。

●结果：指定是将混合结果放入新文档、新通道还是现用图像的选区。

8.2 　蒙版

"蒙版"主要用来保护被屏蔽的图像区域，当图像添加蒙版后，对图像进行编辑操作时，所使用的命令对被屏蔽的区域不产生任何影响，而对未被屏蔽的区域起作用。

使用蒙版可以保存多个可以重复使用的选区，并可以很容易地编辑它们。例如：当要给图像的某些区域运用颜色变化、滤镜和其他效果时，蒙版可以隔离和保护图像的其余区域。

另外，"蒙版"可将"选区"储存为"Alpha 通道"，以便再次使用（Alpha 通道可以转换为选区，然后用于图像编辑）。因为蒙版是作为 8 位灰度通道存放的，所以可用所有绘画和编辑工具细调和编辑它们。在"通道"面板中选中一个通道后，"前景色"和"背景色"都以灰度显示。

"蒙版"一般包括"快速蒙版""图层蒙版""剪贴蒙版"和"矢量蒙版"等。"图层蒙版"

通过蒙版中的灰度信息来控制图像的显示区域，可用于合成图像，也可以控制填充图层、调整图层、智能滤镜的有效范围；"剪贴蒙版"通过对象的形状来控制其他图层的显示区域；"矢量蒙版"则通过路径和矢量形状控制图像的显示区域。

8.2.1　创建并编辑"快速蒙版"

"快速蒙版"可以快速度建立"选区"，实际上是一个"Alpha 通道"；使你可以将任何"选区"作为"蒙版"进行编辑，而无须使用"通道"面板，在查看图像时也可如此。将"选区"作为蒙版来编辑的优点是几乎可以使用任何 Photoshop 工具或滤镜修改蒙版。例如，如果用"选框工具"创建了一个"圆形选区"，可以进入"快速蒙版模式"并使用"画笔"扩展或收缩选区，或者也可以使用滤镜扭曲选区边缘。

下面以实例来对其进行讲解。

（1）打开"素材图像 36"，如图 8-16 所示。

图 8-16　原始图像

图 8-17　创建选区

（2）选择工具箱中的"套索工具"在画面描绘一选区，如图 8-17 所示。

（3）在工具箱底部单击"快速蒙版模式"按钮（也可按"Q"快捷键进入），在"快速蒙版模式"状态下会出现红色半透明的"膜"将闪动选择线以外的图像区域蒙住，从而将这些区域保护起来。没有被红色的"膜"保护的可见区域就是上图的"选区"（对于图像的色调是红色时，使用红色的半透明的"膜"就难以辨清选择的位置），如图 8-18 所示。

图 8-18　"快速蒙版模式"状态

（4）将前景色切换为"白色"，选择"画笔工具"，在"画笔工具"属性栏中"模式"为"正常"，选择一个中等大小的画笔，适当将图像的显示放大。使用画笔工具，在苹果周围红色的"膜"覆盖的区域上绘制，把整个"绿色水果"被蒙住的红色半透明的"膜"去掉（不用担心绘制的笔触会超出"绿色水果"的身体之外，可以将"前景色"切换为"黑色"进行编辑，将绘出边缘的部分擦一下就能返回），如图 8-19 所示。

图 8-19　使用"画笔工具"

（5）在工具箱下方单击"标准模式"按钮如图 8-20 所示，将会发现整个水果被选中（选区扩大了），如图 8-21 所示。

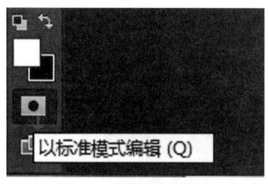

图 8-20　"以标准模式编辑"

图 8-21　扩大选区

当然，也可以在进入"快速蒙版模式"状态前，不对图像建立任何"选取"，直接转到"快速蒙版模式"状态下，同样能达到目的，只是在用画笔描绘时，需要设置前景色为"黑色"。

★温馨提示：在编辑"快速蒙版"的过程中，前景色是"黑色"还是"白色"是非常重要的，因为它们两者的作用是相反的，大家需要多练习几次才能熟练掌握！

8.2.2　图层蒙版

"图层蒙版"相当于一块能使物体变透明的布，在布上涂黑色时，物体变透明，在布上涂白色时，物体显示，在布上涂灰色时，半透明。通过"蒙版"中的"灰度信息"来控制图像的显示区域，可用于合成图像，也可以控制填充图层、调整图层、智能滤镜的有效范围。"图层蒙版"最大优点是在"显示"和"隐藏"图像时，所有操作都在"蒙版"中进行，不会影响图层中的"像素"。属于"位图"图像，一般由"绘画工具"或"选择工具"创建。

下面通过简单实例来讲解"图层蒙版"的基本操作。

（1）新建一文件，设置如图 8-22 所示。

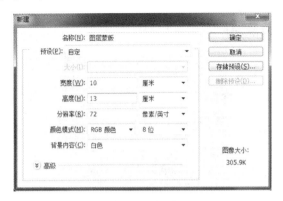

图 8-22　新建

（2）打开文件"素材图像 37"，然后将源图像拖至"新建"文件中，"文件"和"图层"效果如图 8-23 所示。

图 8-23　文件和图层

（3）在"图层"面板中点击底部的"添加图层蒙版"按钮如图 8-24 所示，得到"图层"面板如图 8-25 所示，这样"图层蒙版"就创建完毕。

图 8-24　"添加图层蒙版"按钮　　　　　　图 8-25　添加"图层蒙版"

（4）选择"渐变填充工具"，在"渐变填充工具"属性栏中点按"可编辑渐变"按钮，在弹出的"渐变编辑器"对话框中选择"黑、白渐变"模式，如图 8-26 所示。

图 8-26　"黑、白渐变"模式　　　　图 8-27　"渐变"效果

（5）然后在图像中由下往上拖拉"渐变填充"，少女图像将产生从下往上的"渐变"效果，如图 8-27 所示。

8.2.3　矢量蒙版

"矢量蒙版"可在图层上创建"锐边形状"，与"分辨率"无关，由"钢笔"或"形状"工具创建。在"图层"控制面板中，矢量蒙版显示为图层缩览图右边的附加缩览图，"矢量蒙版"缩览图代表从图层内容中剪下来的路径。

由于"矢量蒙版"其本质是一种"蒙版"，因而具有"图层蒙版"相同的特点，操作方法也跟"图层蒙版"差不多。

1．创建和编辑"矢量蒙版"

要创建显示整个图层的"矢量蒙版"，请选取"图层"→"添加矢量蒙版"→"显示全部"。要创建隐藏整个图层的矢量蒙版，请选取"图层"→"添加矢量蒙版"→"隐藏全部"。添加显示形状内容的矢量蒙版，在"图层"控制面板中，选择要添加矢量蒙版的图层。选择一条路径或使用形状或钢笔工具绘制工作路径。选取"图层"→"添加矢量蒙版"→"当前路径"。

使用"矢量蒙版"创建图层之后，可以给该图层应用一个或多个图层样式，如果需要，还可以编辑这些图层样式，并且立即会有可用的按钮、面板或其他 Web 设计元素。

2．将"矢量蒙版"转换为"图层蒙版"

选择要转换的"矢量蒙版"所在的图层，并选取"图层"→"栅格化"→"矢量蒙版"。转换"矢量蒙版"为"图层蒙版"比较容易，但一旦栅格化了矢量蒙版，就无法再将它改回矢量对象，所以在"栅格化"前一定要想好。

8.2.4　创建剪贴蒙版

可以使用"图层"的内容来蒙盖它上面的"图层"。底部或基底"图层"的透明像素蒙盖它上面的图层（属于剪贴蒙版）的内容。例如，一个"图层"上可能有某个形状，上层"图层"上可能有纹理，而最上面的"图层"上可能有一些文本。如果将这三个图层都定义为剪贴蒙版，则纹理和文本只通过基底"图层"上的形状显示，并具有基底"图层"的"不透明度"。但"剪贴蒙版"中只能包括"连续图层"。"蒙版"中的基底"图层名称"带下画线，上层"图层"的缩览图是缩进的。另外，重叠图层显示剪贴蒙版图标，"图层样式"对话框中的"将剪贴图层混合成组"选项可确定基底效果的混合模式是影响整个组还是只影响基底图层。

8.3　项目实训

8.3.1　项目实训 1 ——多图合成效果

［案例说明］

本案例利用"通道"结合"选取"等操作，制作合成图像效果，如图 8-28 所示。本例主要应用"磁性套索工具""魔棒工具""反向""通道"及图层的次序变换等操作完成。扫一扫二维码 8-1，可观看实操演练过程。

图 8-28　多图合成效果图　　　　　　　　　　　　　二维码 8-1

［制作步骤］

（1）选择"文件"→"打开"菜单命令，在"打开"对话框中按住 Ctrl 键选中的"素材图像 38""素材图像 39""素材图像 40"三个图像文件，打开图像如图 8-29（a）、图 8-29（b）、图 8-29（c）所示。

（a）　　　　　　　　　　（b）　　　　　　　　　　（c）

图 8-29　原始图像

（2）将图像"素材图像 38"作为当前编辑图像，图像"素材图像 39"拖至图像"素材图像 38"中，调整好位置，如图 8-30 所示。

（3）在"图层"面板上点击"图层 1"左边的图片显示按钮，将"图层 1"暂时隐藏，如图 8-31 所示。

图 8-30　图片拖入 　　　　　　　　　　　　　图 8-31　隐藏图层

（4）点选"通道"面板，找到比较适合建立需求的通道"蓝色"通道（黑白对比比较明显）；按住 Ctrl 键，同时点击"蓝色"通道建立选区（选中后面白色区域），然后使用"套索工具"，属性栏设置为"从选区减去"，将图像前面多余部分的选区减选掉。如图 8-32 所示。

图 8-32　建立选区

（5）选择"选择"→"反向"命令，在"通道"面板中点击"RGB"通道项，回到"图层"面板，将"图层 1"显示出来。如图 8-33 所示。

图 8-33　反选

（6）按 Delete 键把选中的区域删除，按"Ctrl+D"组合键取消选择。效果如图 8-34 所示。

图 8-34　删除选区部分

（7）用"魔棒工具"单击，选中汽车外白色部分，选择"选择"→"反向"命令，选中汽车，然后将汽车拖至图像"素材图像 38"中，调整好位置，如图 8-35 所示。

图 8-35　拖入"汽车"图片

（8）在"图层"面板上点击"图层 2"左边的图片显示按钮，将"图层 2"暂时隐藏，然后用"多边形套索工具"把汽车和树相交的部分选择中，选区如图 8-36 所示。

图 8-36　建立选区

（9）再次点击"图层 2"左边的图片显示按钮，将"图层 2"显示出来，按 Delete 键将选中的区域删除，然后按"Ctrl+D"组合键取消选择。效果如图 8–37 所示。

图 8–37 完成效果

（10）将最后完成的效果图以"多图合成"为文件名保存在指定文件夹中。

8.3.2 项目实训 2 —— 图像合成效果

[案例说明]

本案例制作出的效果如图 8–38 所示。主要讲解利用"魔棒工具""橡皮擦工具""前景色和背景色""快速蒙版""通道"等功能制作由几幅图片合成的综合效果。扫一扫二维码 8–2，可观看实操演练过程。

图 8–38 图像合成效果图

二维码 8–2

[制作步骤]

（1）选择"文件"→"打开"命令，打开文件"素材图像 41""素材图像 42""素材图像 43"，如图 8–39、图 8–40、图 8–41 所示。

图 8-39　原始图像"素材图像 41"

图 8-40　"素材图像 42"

图 8-41　"素材图像 43"背景图

（2）使用"移动工具"将"素材图像 41"和"素材图像 42"移至文件"素材图像 43"中，在"图层"面板隐藏"图层 2"，单击"图层 1"，使之成为当前编辑图层，编辑窗口如图 8-42 所示，"图层"面板如图 8-43 所示。

图 8-42　编辑窗口效果图

图 8-43　"图层"面板

（3）在图像编辑窗口中，先将图像"素材图像 41"中的天坛周边的部分进行删除处理。

通过"移动工具"将"图层 1"移动到合适的位置，使用"魔棒工具"选取"图层 1"中的蓝色像素，选择"选择"→"选择相似"菜单命令，将蓝色底色都选择，然后单击工具箱中的"以快速蒙版模式编辑"按钮，进入"快速蒙版"状态，按 D 键设置"前景色 / 背景色"为默认的"黑 / 白色"，使用"橡皮擦工具"，交替使用默认的"前景色和背景色"对"图层 1"进行编辑，编辑后效果如图 8-44 所示。

图 8-44　进入快速蒙版

图 8-45　退出快速蒙版

（4）单击工具箱中的"以标准模式编辑"按钮，退出
快速蒙版模式编辑状态，如图 8-45 所示。

（5）按 Delete 键删除"图层 1"中的蓝色和杂色像素，
按"Ctrl+D"组合键取消选区，若存在有边缘像素处理不好
的现象，可以继续进行步骤（3）和步骤（4）的操作，然后
把"图层 1"移动到合适的位置，如图 8-46 所示。

（6）由"图层"面板转到"通道"面板中，单击"创
建新通道"按钮，建立一个新通道，将前景色和背景色设置
为默认的黑色和白色，进行径向渐变，效果如图 8-47 所示，
同时"通道"面板发生了变化，如图 8-48 所示。

图 8-46　删除像素后的效果

图 8-47　径向渐变

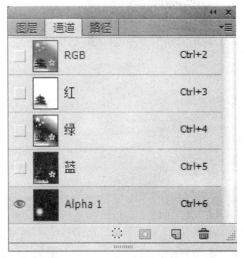

图 8-48　"通道"面板

189

（7）选择"选择"→"载入选区"菜单命令，在弹出对话框的"通道"下拉列表框中选择"Alpha 1"选项，效果如图 8-49 所示。回到"图层"面板，单击"图层 1"，可看见"图层 1"从灰色状态变为可编辑状态，"图层"面板如图 8-50 所示，图像编辑窗口如图 8-51 所示。

图 8-49　载入选区

图 8-50　"图层 1"进入编辑状态

图 8-51　图像编辑窗口

（8）单击"图层"面板中的"添加蒙版"按钮 ，若效果不理想，还可以继续进行径向渐变，直到效果如图 8-52 所示。

注意：以上步骤（3）～步骤（8）可以用以下快捷方式实现，直接单击"图层"面板中的"添加蒙版"按钮 ，然后在选取工具箱中选取合适的画笔工具在图像上进行涂抹，将不需要的像素擦除，最后在"图层"面板中把图层模式调整为"正片叠底"就可以了，这里不详细介绍。

（9）单击"图层 2"的"指示图层可见性"图标，显示"图层 2"，使用"移动工具" 把"图层 2"移动到合适的位置，选择"椭圆选框工具"，在"椭圆选框工具"属性栏上将"羽化"设置为 40 像素；在"图层 2"上建立一个选区，选择"选择"→"反向"菜单命令，对选区反选，可一次或多次按 Delete 键删除像素，直到效果如图 8-53 所示为止。

（10）按"Ctrl+D"组合键取消选区选择"文件"→"另存为"菜单命令，将制作完成的效果以"综合合成"为文件名保存，效果如图 8-54 所示。

图 8-52　添加图层蒙版后效果图

图 8-53　使用"羽化"处理的效果

图 8-54　完成效果

8.3.3　项目实训 3 —— 白天变黑夜的效果制作

[案例说明]

本案例制作出的效果如图 8-55 所示。本案例主要讲解利用"图层""通道"的功能制作由几幅图片合成的综合效果。扫一扫二维码 8-3，可观看实操演练过程。

图 8-55　白天变黑夜效果图　　　　　　　　　　　二维码 8-3

[制作步骤]

（1）打开随书光盘"素材图像 44"，如图 8-56 所示。

图 8-56　原始图像

（2）点按并拖动"背景层"到"图层"面板的"创建新的图层"按钮上，复制得"背景副本"，如图 8-57 所示。

图 8-57　"图层"面板

（3）选择"图像"→"应用图像"命令，在弹出的"应用图像"对话框中设置"通道"为"蓝"，勾选"反相"，"混合"项为"线性加深"，"不透明度"为"90%"左右，其他设置如图 8-58 所示。

图 8-58　"应用图像"对话框

（4）单击"确定"按钮，所得效果如图 8-59 所示。

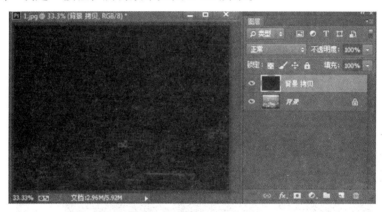

图 8-59　"应用图像"效果

（5）单击"图层"控制面板右下方的"创新建图层"按钮 🔲，设置其名称为"图层 1"；前景色为白色，选择工具箱中的画笔工具，在属性栏中设置画笔"不透明度"为"80%"，选择适当大小的笔刷，在最前面的窗户上绘制，使其"亮"起来，然后将"图层"面板右上方的"不透明度"设置为"72%"，效果如图 8-60 所示。

图 8-60　为"前排窗户"添加"光亮"效果

（6）单击"图层"控制面板右下方的"创建新图层"按钮 🔲，新建"图层 2"；在属性栏中设置画笔"不透明度"为"50%"，选择适当大小的笔刷，在中排房子的窗户上绘制，使其亮起来，"图层"控制面板右上方的"不透明度"设置为"58%"，效果如图 8-61 所示。

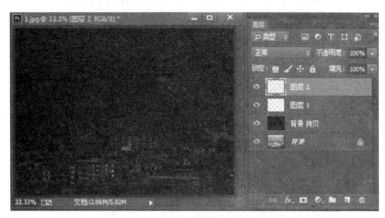

图 8-61　继续添加"灯光"效果

（7）继续新建"图层 3"，在属性栏中设置画笔"不透明度"为"35%"，选择适当大小的笔刷，在后面房子的窗户上描绘，使其亮起来，"图层"控制面板右上方的"不透明度"设置为"75%"，效果如图 8-62 所示。

图 8-62　为后面房子的窗户添加"灯光"效果

（8）点击"图层"面板中的"背景副本"（激活"背景副本"层），用"钢笔工具" ✒ 描绘一形状，在"路径"控制面板上点按"将路径作为选区载入"按钮 ⊙，将路径转化为选区；选取"图像"→"调整"→"亮度 / 对比度"命令，使选区部分更暗些，效果如图 8-63 所示 。

（9）新建"图层 4"，在属性栏中设置画笔"不透明度"为"50%"，选择大一点的"柔边圆"笔刷，在前面房子的窗户上"喷绘"，效果如图 8-64 所示。

图 8-63　调整"选区部分"明暗

图 8-64　画笔喷绘

（10）在"图层"控制面板中选择图层"混合模式"为"叠加"，由于光透过玻璃，使前面房子的窗户旁也适当亮一点，效果如图 8-65 所示。

图 8-65　"叠加"混合模式

（11）然后点按"图层"面板右上角的三角形，在弹出菜单中选中"合并可见图层"命令，合并所有图层，完成效果如图 8-66 所示。

图 8-66　完成效果

第 9 章

滤镜的使用

Photoshop 自带"滤镜"有 100 多种，对于大部分的初学者来说，"滤镜"几乎就是 Photoshop 的同义词了！使用 Photoshop 的滤镜功能，与 Photoshop 强大的图像处理功能相结合，可以让许多令人惊叹的神奇图像在弹指间完成。本章主要介绍滤镜的分类、各类滤镜的特殊功能及它们在实践中的运用等。

9.1　滤镜简介

9.1.1　滤镜的种类

滤镜分为内置滤镜和外挂滤镜两大类。内置滤镜是 Photoshop 自身提供的各种滤镜，外挂滤镜则是其他厂商开发的滤镜，它们需要另外再安装在 Photoshop 中才能使用。

Photoshop 的所有滤镜都在"滤镜"菜单中，如图 9-1 所示，它们包括"风格化"滤镜、"画笔描边"滤镜、"模糊"滤镜、"扭曲"滤镜等 13 组滤镜；另外还有 8 个特殊滤镜，分别是"抽出""滤镜库""自适应广角""镜头校正""液化""油画""图案生成器"和"消失点"，以及还有 Digimarc（数字版权）滤镜组等。当移动鼠标指针到某个滤镜组上时，会弹出该滤镜的子菜单，

图 9-1　"滤镜"菜单

图 9-2　"像素化"滤镜子菜单

如点击"像素化"滤镜后面的小三角形符号，就会弹出如图 9-2 所示的子菜单。

Photoshop 的内置滤镜主要有两种用途。第一种用于创建具体的图像特效，如可以生成便条纸、网状、影印、波纹等各种效果，此类滤镜的数量最多，且绝大多数都在"风格化"滤镜组、"画笔描边"滤镜、"扭曲"滤镜、"锐化"滤镜、"素描"滤镜、"纹理"滤镜、"像素化"滤镜、"渲染"滤镜、"艺术效果"滤镜组中，除"扭曲"滤镜组以及其他少数滤镜外，基本上都是通过滤镜库来管理和应用的。第二种用于编辑图像，如减少图像杂色、提高清晰度等，这些滤镜在"模糊"滤镜、"锐化"滤镜、"杂色"滤镜组中，此外"液化""镜头校正"和"消失点"这 3 种滤镜也属于此类滤镜。像是独立的软件，功能强大，有自己的工具和独特的操作方法。

除了自带的各种滤镜外，Photoshop CC 还支持由其他开发商开发的外挂滤镜，这些由第三方厂商生产的滤镜，数量巨大，功能复杂，而且版本和种类不断升级和更新，为人们发挥想象力提供了有力的"武器"，从而大大增强了 Photoshop 滤镜的功能。其中著名的外挂滤镜有 Ktp 、PhotoTools 、Eys Candy、Xenofen、Ulead Effects 等。

在使用滤镜的时候要注意以下几点。

●滤镜可以对某一选定的区域、图层、快速蒙版、图层蒙版和通道起作用。若使用滤镜处理某一图层中的图像时，需要选择该图层，并且图层必须是可见的（图层缩览图前面有眼睛图标 👁 ）。如果在进行滤镜操作前并没有对编辑图层选择选区，则对该图层中整幅图像起作用。

●并不是在任何的色彩模式下都可以使用滤镜。在"位图""索引颜色"和"16 位 / 通道"模式下不能使用滤镜，在"CMYK 颜色"和"Lab 颜色"模式下有部分滤镜不能使用。

●如果创建了选区，滤镜只处理选中的图像，对选区应用滤镜的时候可以设定羽化值，从而使滤镜操作区域与周边区域自然过渡。若未创建选区，则处理当前图层中的全部图像。

●只有"云彩"滤镜可以应用在没有像素的区域，其他滤镜都必须应用在包含像素的区域，否则不能使用这些滤镜，但外挂滤镜除外。

●在应用滤镜的过程中，滤镜的处理效果是以像素为单位进行计算的，因此，相同的参数处理不同分辨率的图像，其效果也会有所不同。同时使用滤镜需要进行大量的计算，尤其是在处理大型的图像时，这种计算过程非常耗时，为此，Photoshop 在大多数对话框中设置了一个小的预览窗口，可以预览滤镜效果。如图 9-3 为"素材图像 45"，图 9-4 为"镜头光晕"对话框，图 9-5 是在图像上应用"镜头光晕"滤镜后的效果。在其对话框中，我们可以手工调整对话框中的选项参数。

图 9-3 "素材图像 45"

图 9-4 "镜头光晕"对话框

图 9-5 "镜头光晕"滤镜效果

9.1.2 滤镜的使用

1. 滤镜的使用技巧

（1）使用一个滤镜后，"滤镜"菜单的第一行便会出现该滤镜的名称，如图9-6所示，单击它或按下"Ctrl+F"组合键可以快速应用这一滤镜。如需修改滤镜参数，按下"Alt+Ctrl+F"组合键，可以打开该滤镜的对话框重新设定。

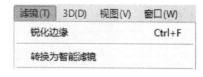

图 9-6 "滤镜"菜单

（2）在任意"滤镜"对话框中按住 Alt 键，"取消"按钮就会变成"复位"按钮；单击"复位"按钮可以将参数恢复到初始状态。

（3）滤镜在应用过程中如果要中止，可以按下 Esc 键。

（4）使用滤镜时通常会打开滤镜库或者相应的对话框，在预览框中可以预览滤镜效果，单击 ⊞ 和按钮 ⊟ 可以放大和缩小显示比例；单击并拖动预览框内的图像，可移动图像；如果想要查看某一区域，可在文档中单击，滤镜预览框中就会显示单击处的图像。

（5）使用滤镜处理图像后，执行"编辑"→"渐隐"命令可以修改滤镜效果的"不透明度"和混合模式。例如图9-7（a）所示为使用了"石膏效果"滤镜处理的图像，图9-7（b）所示为使用了"渐隐"命令编辑后的效果。"渐隐"命令必须在进行了编辑操作后立即执行，如果这中间又进行了其他操作，则无法使用该命令。

（a）使用"石膏效果"滤镜处理　　　（b）使用"渐隐"命令编辑后

图 9-7 使用"渐隐"命令前后效果对比

2. 查看滤镜信息

"帮助"菜单中"关于增效工具"级联菜单包含了 Photoshop 滤镜和增效工具的目录，选择任何一个，就会显示它的详细信息，如滤镜版本、制作者、所有者等。

3. 提高滤镜性能

Photoshop 中一部分滤镜在使用时会占用大量的内存，如"光照效果""染色玻璃"等滤镜，特别是编辑高分辨率的图像时，Photoshop 的处理速度会变得很慢。如果遇到这种情况，可以先在一小部分图像上使用滤镜，找到合适的设置后，再将滤镜应用于整幅图像。或者在使用滤镜之前先执行"编辑"→"清理"命令释放内存，也可以通过退出其他应用程序，为 Photoshop 提供更多的可用内存。

4. 浏览联机滤镜

执行"滤镜"→"浏览联机滤镜"命令，可以链接到 Adobe 网站，查找需要的滤镜和增效工具，如图 9-8 所示。

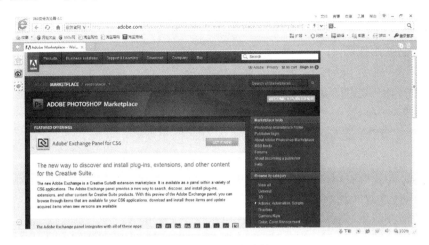

图 9-8　浏览联机滤镜

9.1.3　智能滤镜

"智能滤镜"是 Photoshop CS3 版本以后才有的功能，是一种非破坏性的滤镜，可以达到与普通滤镜完全相同的效果，当为图像添加智能滤镜的同时，Photoshop 会自动将该图层转换为智能图层，若该图层本来就是智能图层，则为图像应用任何滤镜都将自动显示为智能滤镜。

智能滤镜是作为图层效果出现在"图层"面板中的，因而不会真正改变图像的任何像素，而且还可以随时修改参数或者删除掉。

除"液化"和"消失点"等少数滤镜外，其他的滤镜，包括支持智能滤镜的外挂滤镜，都可以作为智能滤镜使用，此外，"图像"菜单下"调整"子菜单中的"阴影 / 高光""变化"命令也可以作为智能滤镜来应用。

下面通过一个简单案例来说明"滤镜"的基本应用。

（1）执行"文件"→"打开"命令，打开图像"素材图像 46"。

（2）执行"滤镜"→"转换为智能滤镜"命令，弹出如图 9-9 所示的提示框，单击"确定"按钮。只见"图层"面板中普通的"背景"图层 转变为智能图层 ，如图 9-10 所示。

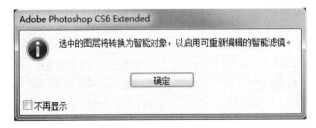

图 9-9　"转换为智能滤镜"提示框

图 9-10　"图层"面板中智能图层

（3）执行"滤镜"→"素描"→"绘图笔"命令，弹出如图 9-11 所示的"绘图笔"对话框，自行调整参数，直到满意为止，单击"确定"按钮。"图层"面板如图 9-12 所示，手绘效果如图 9-13 所示。

图 9-11　"绘图笔"滤镜对话框

图 9-12　使用智能滤镜后"图层"面板

（4）如果我们想清除刚才所制作的智能滤镜效果，可以单击图 9-12 所示"图层"面板中智能滤镜前面的"指示图层可见性"图标 ◉ 绘图笔，可将滤镜效果隐藏，恢复到如图 9-14 所示的原始图像。执行"图层"菜单→"智能滤镜"→"清除智能滤镜"命令，也可以清除所有智能滤镜。

图 9-13　手绘效果

图 9-14　原始图像效果

9.1.4　特殊滤镜

特殊滤镜是相对众多滤镜组中的滤镜而言的，其相对独立、功能强大、使用频率非常高。

1. 滤镜库

"滤镜库"将 Photoshop 提供的滤镜大致进行了归类划分，将常用且较为典型的滤镜收录其中。使用滤镜库可以同时运用多种滤镜，还可以对图像效果进行实时预览，在很大程度上提高了图像处理的灵活性。

在 Photoshop 的滤镜库中收录了"风格化""画笔描边""扭曲""素描""纹理"和"艺术效果"等 6 组滤镜，执行"滤镜"→"滤镜库"命令，打开"滤镜库"对话框，可看到滤镜库界面，如图 9-15 所示。

图 9-15　"滤镜库"对话框

●预览区：可预览图像的变化效果，单击底部的 ⊞ 或 ⊟ 按钮，可放大或缩小预览框中的图像。

●滤镜面板：在该区域中显示了"风格化""画笔描边""扭曲""素描""纹理"和"艺术效果"等 6 组滤镜。单击每组滤镜前面的三角形图标 ▷，即可展开该滤镜组，可看到该组中所包含的具体滤镜，再次单击 ▽ 图标则可折叠隐藏滤镜。单击 ⌃ 按钮可隐藏或者显示滤镜面板。

●滤镜参数：在"滤镜"从下拉列表滤镜库中找到需要设置参数的滤镜，其下方将显示该滤镜的参数设置区域，在该区域中可设置所选滤镜的各种参数。另外，在滤镜参数设置区域下方，单击 ◉ 按钮可以显示或隐藏滤镜效果。单击"新建图层效果"按钮 ◪ ，可以新建一个图层滤镜效果；单击"删除图层效果"按钮 🗑 ，可以删除一个图层滤镜效果。

2. "自适应广角"滤镜

"自适应广角"滤镜是一个拥有独立界面、独立处理过程的滤镜，使用它可以帮助用户轻松纠正超广角镜头拍摄图像的扭曲程序。在"滤镜"菜单中与传统的"液化"滤镜、"镜头矫正"滤镜属于同一组别。

"自适应广角"滤镜对话框与 Photoshop 中的其他滤镜对话框基本一致；打开"素材图像 47"，执行"滤镜"→"自适应广角"命令，弹出"自适应广角"对话框，如图 9-16 所示。

其中在对话框右侧的控制板内预设了 4 种常用校正模式，包括："鱼眼""透视""完整球面"和"自动"。

●缩放：指定图像比例。

●焦距：用来设置焦距。

●裁剪因子：用来设置裁剪因子。

图 9-16　"自适应广角"滤镜

"自适应广角"对话框左侧工具栏"约束工具""多边形约束工具""移动工具""抓手工具""缩放工具"5 种工具，校正镜头产生的变形全靠这些工具。

●约束工具：单击图像或拖动端点可添加或编辑约束，按住 Shift 键单击可添加水平 / 垂直约束，按住 Alt 键可删除约束。

●多边形约束工具：单击图像或拖动端点可添加或编辑多边形约束。单击初始点可结束约束，按住 Alt 键可删除约束。

●移动工具：拖动以便在画布中移动内容。

●抓手工具：拖动以便在画布中移动图像。

●缩放工具：单击图像或拖动要放大的区域，或按住 Alt 键缩小。

"自适应广角"滤镜对话框左下侧将显示"自适应广角"命令识别的拍摄相机型号和镜头型号。

3. "镜头校正"滤镜

"镜头校正"滤镜主要用于对失真或倾斜的图像或照片中的建筑物以及人物进行校正，还可以对图像调整扭曲、色差、晕影和变换效果，使图像恢复至正常状态。

打开文件"素材图像48"，执行"滤镜"→"镜头校正"命令，弹出"镜头校正"对话框，如图 9-17 所示，在"自动校正"选项卡中的"搜索条件"项目栏中可以设置相机的品牌、型号和镜头型号等选项。设置后激活相应选项，此时在"矫正"选项栏中勾选相应的复选框即可校正相应选项。

在"自定"选项卡中，各参数选项如下。

●"设置"下拉列表：在该下拉列表中可以选择预设的镜头校正调整参数。

●"几何扭曲"选项组：通过设置"移动扭曲"参数校正镜头的桶形或枕形失真，在其文本框中输入数值和拖动下方的滑块即可校正图像的凸起或凹陷状态。

●"色差"选项组：用于修复不同的颜色效果。当选择"修复红 / 青边"选项时，在文本框中输入数值或拖动下方的滑块，可以去除图像中的红色或青色色痕。当选择"修复绿 / 洋红边"选项时，在文本框中输入数值或拖动下方的滑块，可以去除图像中的绿色或洋红色

图 9-17   "镜头校正"对话框

色痕。当选择"修复蓝/黄色边"选项时，在文本框中输入数值或拖动下方的滑块，可以去除图像中的蓝色或黄色色痕。

● "晕影"选项组：该选项组用来校正由于镜头缺陷或镜头遮光处理不正确而导致的边缘较暗的图像。其中"数量"选项用来设置沿图像边缘变亮或变暗的程度，"中点"选项用来设置控制晕影中心的大小。

● "变换"选项组：该选项组用于校正图像的变换角度、透视方式等参数。"垂直透视"选项用来校正由于相机向上或向下倾斜而导致的图像透视，是图像中的垂直线平行。"水平透视"用来校正图像的水平透视，使水平线平行。"角度"选项用来校正图像的旋转角度。"比例"选项主要是调整图像的缩放，但不会改变图像像素尺寸。主要用于移去由于枕形失真、旋转或透视校正而产生的图像空白区域。放大将导致图像被裁剪，并使插值增大到原始像素尺寸。

4. "液化"滤镜

"液化"滤镜可以很逼真地模拟液体流动的效果，可以用于推、拉、旋转、反射、折叠和膨胀图像的任何区域，但是该滤镜不能在索引模式、位图模式和多通道色彩模式的图像中使用。

"液化"滤镜运用最多的是对照片的修改，使用它可以对图像进行收缩、膨胀、旋转等操作，以帮助用户快速对照片人物进行瘦脸、瘦身。在使用"液化"滤镜为照片人物瘦脸或瘦身时，不宜拖动太多的像素图像，以免过度调整影响视觉效果。

下面通过一个简单案例说明使用"液化"滤镜的基本操作。

（1）按"Ctrl+O"组合键打开"素材图像49"图像文件。

（2）选择"滤镜"→"液化"菜单命令，打开"液化"对话框，在"液化"对话框中，在"工具选项"选项组中，将"画笔大小"设置为"183"，将"画笔压力"设置为"100"，如图 9-18 所示。

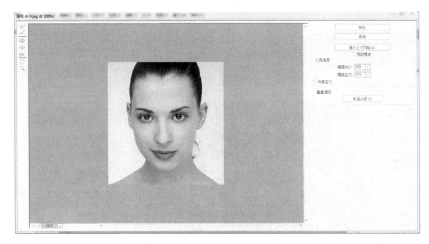

图 9-18　"液化"滤镜对话框

（3）单击"缩放工具"按钮，在预览区单击将图像放大，使用"向前变形工具" ↙ 在人物脸部单击并向内拖动，修复颚骨部分，然后再对人物下颚等地方进行拖动，为人物进行瘦脸，如图 9-19 所示。

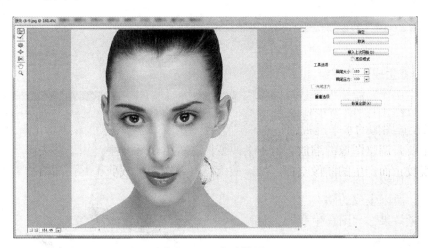

图 9-19　瘦脸效果

（4）若不满意效果，可以单击"恢复全部"按钮 恢复全部(A) ，重新按步骤（3）执行，直到满意为止，最终调整出瓜子脸，完成后单击"确定"按钮，效果如图 9-20 所示。

5. "油画"滤镜

"油画"滤镜是新增的滤镜，它使用 Mercury 图形引擎作为支持，能快速让作品呈现出油画效果，还可以控制画笔的样式以及光线的方向和亮度，以产生出色的效果。如图 9-21 所示为"油画"对话框，其参数选项如下。

●样式化：用来调整笔触样式。

●清洁度：用来设置纹理的柔化程序。

图 9-20　使用"液化"滤镜制作的效果

203

●缩放：用来对纹理进行缩放。

●硬笔刷细节：用来设置画笔细节的丰富程度，该值越高，毛刷纹理越清晰。

●角方向：用来设置光线的照射角度。

●闪亮：用来提高纹理的清晰度，产生锐化效果。

图 9-21 "油画"滤镜对话框

6. "图案生成器"滤镜

"图案生成器"滤镜根据选取图像的部分或剪贴板中的图像生成各种图案，其特殊的混合算法避免了在应用图像时的简单重复，实现了拼贴块与拼贴块之间的无缝连接，因为图案是基于样本中的像素，所以生成的图案与样本具有相同的视觉效果，"图案生成器"对话框如图 9-22 所示。

●使用剪贴板作为样本：选择此复选框将使用剪贴板中的内容作为图案的样本。

图 9-22 "图案生成器"滤镜对话框

●使用图像大小：单击此按钮将用图像的尺寸作为拼贴的尺寸。

●宽度：设置拼贴的宽度。

●高度：设置拼贴的高度。

●位移：设置拼贴的移动方向，其下拉列表中包括"无""水平"或"垂直"选项。

●数量：设置拼贴的移动距离百分比。

●平滑度：控制拼贴的平滑程度。

●样本细节：控制样本的细节，若值大于 5，则会大大延长生成图案的时间。

●显示：选择显示原稿还是显示生成的图案效果。

●拼贴边界：选此复选框可以显示拼贴边界。

●更新图案预览：选此复选框将自动更新图案的预览效果。

7.　"消失点"滤镜

"消失点"滤镜允许在包含透视平面（例如，建筑物侧面或任何矩形对象）的图像中进行透视校正，可在图像中指定平面，应用诸如绘画、仿制、拷贝或粘贴以及变换等编辑操作，使用"消失点"滤镜来修饰、添加或移去图像中的内容时，结果将更加逼真，因为系统可正确确定这些编辑操作的方向，并且将它们缩放到透视平面。该滤镜多用于置换画册、宣传单以及 CD 盒封面的制作中。

选择"滤镜"→"消失点"菜单命令，打开"消失点"对话框，其选框、图章、画笔及其他工具的工作方式与 Photoshop 主工具箱中的对应工具十分类似，也可以使用相同的键盘快捷键来设置工具选项。

下面通过一个简单案例来说明"消失点"滤镜的基本应用，效果如图 9-23 所示。

（1）按"Ctrl+O"组合键打开"素材图像 50"图像文件，按下"Ctrl+A"组合键全选图像，并按"Ctrl+C"组合键复制图像。

（2）再按"Ctrl+O"组合键打开"素材图像 51"图像文件，选择"滤镜"→"消失点"菜单命令，打开"消失点"对话框，然后选择"创建平面工具"　，在杂志图像右侧平面上单击确定 4 个点，此时将自动创建出网格，如图 9-24 所示。

图 9-23　使用"消失点"滤镜制作的效果

图 9-24　"消失点"滤镜对话框

（3）按"Ctrl+V"组合键，将复制的图像粘贴到该对话框中，单击"变换工具"按钮　，用鼠标将图像拖动到平面中，当靠近创建平面时，软件自动将图像吸附到平面中，并出现控制框，拖动控制框以适合平面，使其和杂志大小相近，如图 9-25 所示。

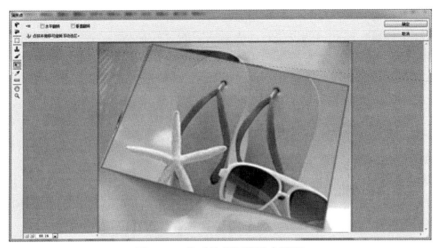

图 9-25 拖动控制框以适合平面

"消失点"对话框中单击"确定"按钮，可以看到杂志右侧的图像被新建平面中的图像覆盖，同时，覆盖区域自动应用了一定的透视效果，使替换效果在视觉上更统一，效果如图 9-23 所示。

9.1.5 滤镜的效果

1．"风格化"滤镜组

该滤镜组使图像产生印象派及其他风格化作品的效果，"风格化"滤镜组包括 9 种不同的风格化效果，其级联菜单如图 9-26 所示。

（1）"风格化"滤镜组简介。

● "查找边缘"滤镜：自动搜索图像像素对比度变化剧烈的边界，将高反差区变亮，将低反差区变暗，其他区域则介于两者之间，硬边变为线条，而柔边变粗，使图像产生用铅笔勾描出图像中物体轮廓的效果。

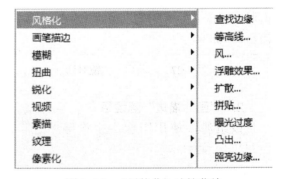

图 9-26 "风格化"滤镜菜单

● "等高线"滤镜：主要作用是勾画图像的色阶范围，可以查找主要亮度区域的过渡，并为每个颜色通道勾勒主要亮度区域的过渡，以获得与等高线图中的线条类似的效果。

● "风"滤镜：在图像中增加一些细小的水平线，模拟风吹效果。

● "浮雕效果"滤镜：通过勾画图像或选区的轮廓和降低周围色值来生成凸起或凹陷的浮雕效果。

● "扩散"滤镜：通过图像中相邻的像素按规定的方式有机移动使图像扩散，形成一种类似于透过磨砂玻璃观察对象时的分离模糊效果。

● "拼贴"滤镜：使图像产生分成多块瓷砖状的效果。

● "曝光过度"滤镜：使图像产生类似摄影中的过度曝光效果。

● "凸出"滤镜：使图像产生一系列的三维立方体或锥体的立体效果。可以用此来改变图像或生成特殊的三维背景。

● "照亮边缘"滤镜：使图像产生轮廓的边缘发光，添加类似霓虹灯的光亮，从而得到使轮廓更加清晰的效果。

（2）常见"风格化"滤镜的使用。

下面介绍"凸出"滤镜的使用：选择"滤镜"→"风格化"→"凸出"菜单命令，弹出如图 9-27 所示的"凸出"对话框。在该对话框中设置参数，其中，"类型"选项用来设置凸出类型，共有两种类型，分别是"块"和"金字塔"；"大小"用来设置立方体或锥体的底面大小，取值范围为"2~255"。

"深度"用数值控制图像从屏幕凸起的深度，选择"随机"单选按钮，凸起深度随机产生；选择"基于色阶"单选按钮，则使图像中的某一部分亮度增加，使立方体或锥体与色值连在一起。选择"立方体正面"复选框，将在立方体的表面涂上物体的平均色；选择"蒙版不完整块"复选框，将保证所有的凸起都在筛选处理部分之内。

在"凸出"对话框中，"大小"参数取默认值，将"深度"设置为"基于色阶"，选中"蒙版不完整块"复选框，确定后得到的图像效果如图 9-28 所示。

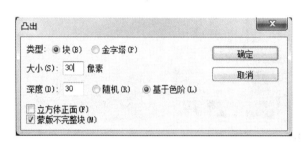

图 9-27　"凸出"滤镜对话框

图 9-28　凸出效果

2. "画笔描边"滤镜组

该组滤镜使用图像产生涂抹的效果，它只作用于"RGB"颜色模式，不能应用在"CMYK"和"LAB"模式，须转换成"RGB"模式后方可使用。"画笔描边"滤镜组包括 8 种滤镜，其级联菜单如图 9-29 所示。

（1）"画笔描边"滤镜组简介。

● "成角的线条"滤镜：产生笔画都向一个方向倾斜的效果。

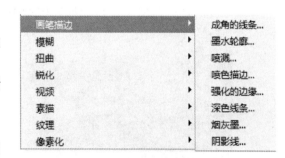

图 9-29　"画笔描边"滤镜菜单

● "墨水轮廓"滤镜：以钢笔画的风格，用纤细的线条在原细节上重绘图像。

● "喷溅"滤镜：模拟喷枪使画面上产生笔墨喷溅一样的艺术效果。

● "喷色描边"滤镜：可以使用图像的主导色用成角的、喷溅的颜色线条重新绘画图像，产生斜纹的飞溅效果。

● "强化的边缘"滤镜：对图像的不同颜色之间的边界进行加宽和增亮处理。

● "深色线条"滤镜：可使图像产生很强烈的黑色阴影效果。

● "烟灰墨"滤镜：通过计算图像上的像素色值分布，产生色值概括描绘原图的效果。

● "阴影线"滤镜：产生的效果是使绘图所用的笔仿佛是交叉的，从而在画面上形成网状的阴影。

（2）常见"画笔描边"滤镜的使用。

"强化的边缘"滤镜的使用：打开"素材图像52"如图9-31（a）所示，选择"滤镜"→"画笔描边"→"强化的边缘"菜单命令，弹出如图9-30所示的"强化的边缘"对话框，在该对话框中设置参数。其中，"边缘宽度"用于设置边缘的宽度；"边缘亮度"用于设置边缘的亮度；"平滑度"设置边缘的平滑程度，该值越大，画面效果越柔和。

将"边缘宽度"设置为"3"，"边缘亮度"设置为"33"，"平滑度"设置为"5"，得到的图像效果如图9-31（b）所示。

图9-30　"强化的边缘"对话框

（a）强化边缘前　　　　　　　　　　（b）强化边缘后

图9-31　强化边缘前后效果

3. "模糊"滤镜组简介

该组滤镜使图像或选区的边缘产生模糊化效果，使过于锐化的边缘或图片上污点划痕变得光滑。这些主要是针对相邻像素间的颜色进行处理，使被处理图像产生一种模糊效果。

在一个层中使用模糊滤镜时，不能将"图层"
面板中的"不透明度"选项设置为0%，否则
没有任何效果。"模糊"滤镜组共包含14种
滤镜，其中"场景模糊""光圈模糊""倾
斜偏移"3个滤镜非常适合处理数码照片，其
级联菜单如图9-32所示。

（1）"模糊"滤镜组简介。

● "场景模糊"滤镜：可以对图片进行
焦距调整，这与拍摄照片的原理一样，选择
好相应的主体后，主体之前及之后的物体就
会相应地模糊。选择的镜头不同，模糊的方
法也略有差别。可以对一幅图片的全局或多
个局部进行模糊处理。

图9-32　"模糊"滤镜菜单

● "光圈模糊"滤镜：顾名思义就是用
类似相机的镜头来对焦，焦点周围的图像会相应地模糊。

● "倾斜偏移"滤镜：是用来模仿微距图片拍摄的效果，比较适合俯拍的照片或者镜头
有点倾斜的照片使用。

● "表面模糊"滤镜：在保留边缘的同时模糊图像，常用于创建特殊效果并消除杂色或
粒度。

● "动感模糊"滤镜：产生沿一方向运动的动感效果。

● "方框模糊"滤镜：主要是基于相邻像素的平均颜色值来模糊图像，常用于创建特殊
效果。

● "高斯模糊"滤镜：依据高斯曲线调节像素色值，有选择地模糊图像。

● "进一步模糊"滤镜：进一步使图像产生模糊效果，其程度是模糊滤镜的3~4倍。

● "径向模糊"滤镜：使图像产生旋转或放射状的模糊效果。

● "镜头模糊"滤镜：让图像产生一种类似照相机镜头模糊的效果，有深度模糊、光圈、
镜面高光、噪音、分布等几个大选项。

● "模糊"滤镜：对边缘过于清晰或对比度过于强烈的区域产生模糊效果。

● "平均"滤镜：用于找出图像或选区的平均颜色，然后用该颜色填充图像或选区以创
建平滑的外观。

● "特殊模糊"滤镜：通过指定参数精确地模糊图像。

● "形状模糊"滤镜：使用指定的内核来创建模糊，从自定形状预设列表中选取一种
内核，并使用"半径"滑块来调整其大小。

（2）常见"模糊"滤镜的使用。

"光圈模糊"滤镜的使用：选择"滤镜"→"模糊"→"光圈模糊"菜单命令，弹出如图9-33
所示"光圈模糊"对话框，在该对话框中设置参数，图片的中心会出现一个黑圈带有白边
的图形，同时鼠标指针也会变成一个大头针状且旁边带有一个"+"号，在图片所需模糊的
位置点一下就可以新增一个模糊区域。鼠标单击模糊圈的中心就可以选择相应的模糊点，
可以在数值栏设置参数，按住鼠标可以移动，按Delete键可以删除。参数设定好后再按
回车确认。

209

图 9-33 "光圈模糊"滤镜对话框

在对话框的"模糊效果"选项组中，有"光源散景""散景颜色""光照范围"三个选项，下面进行介绍。

●光源散景：是个摄影术语，散景是图像中焦点以外的发光区域，类似光斑效果，用于控制散景的亮度，也就是图像中高光区域的亮度。数值越大，亮度越高。

●散景颜色：控制高光区域的颜色，由于是高光，因此颜色一般都比较淡。

●光照范围：用色阶来控制高光范围，数值为"0~ 255"之间数值，范围越大，高光范围越大，相反高光范围就越少。

如将"光圈模糊"设置为"10"像素，"光源散景"设置为"3%"，"散景颜色"设置为"8%"，将"光照范围"设置为"100~255"，单击"确定"按钮，效果如图 9-34 所示。

图 9-34 使用"光圈模糊"滤镜后效果

●"动感模糊"滤镜的使用：选择"滤镜"→"模糊"→"动感模糊"菜单命令，弹出如图 9-35 所示的"动感模糊"对话框，在该对话框中设置参数，其中"角度"可设置物体运动的方向，"距离"可设置物体在一定时间内运动的距离。

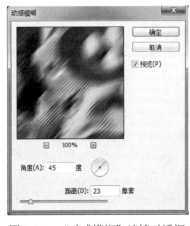

图 9-35 "动感模糊"滤镜对话框

图 9-36 动感模糊效果

将"角度"设置为"45"度，将"距离"设置为"23"像素，确定后得到的图像效果如图 9-36 所示。

● "径向模糊"滤镜的使用：选择"滤镜"→"模糊"→"径向模糊"菜单命令，弹出"径向模糊"对话框，如图 9-37 所示。在该对话框中设置参数，其中，"数量"是设置模糊强度，"中心模糊"是设置图像模糊的中心，"旋转"模糊方法可以形成一个同心圆，"缩放"模糊方法使模糊图像从中心放大或缩小，"品质"则是设置图像的质量。

将"数量"设置为"23"，将"模糊方法"设置为"旋转"，将"品质"设置为"好"，如图 9-37 所示，单击"确定"按钮得到如图 9-38 所示的效果。

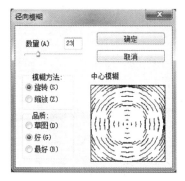

图 9-37　"径向模糊"滤镜对话框

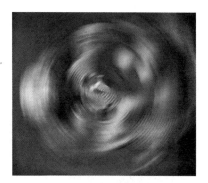

图 9-38　径向模糊效果

● "高斯模糊"滤镜的使用：选择"滤镜"→"模糊"→"高斯模糊"菜单命令，弹出如图 9-39 所示对话框，在该对话框中可设置参数，其中"半径"可确定模糊的范围。

将"半径"设置为"3"像素，单击"确定"按钮得到如图 9-40 所示的效果。

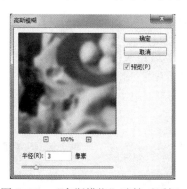

图 9-39　"高斯模糊"滤镜对话框

图 9-40　高斯模糊效果

9.2　项目实训

9.2.1　项目实训 1 —— 模糊效果

[案例说明]

本案例将制作出如图 9-41、图 9-42、图 9-43 所示的模糊效果。本例的特点是通过对图像应用"模糊"滤镜处理，产生特殊的动感模糊、径向模糊等效果。扫一扫二维码 9-1，可观看实操演练过程。

图 9-41　动感模糊效果　　　　图 9-42　径向模糊"缩放"　　　图 9-43　径向模糊　　　　二维码 9-1
　　　　　　　　　　　　　　效果　　　　　　　　　　　　"旋转"效果

［制作步骤］

（1）打开文件"素材图像 53"，图像本身就有两个图层，单击"图层"面板，选择"图层 1"作为当前编辑图层，如图 9-44 所示。

图 9-44　"图层"效果

（2）将"图层 1"拖动到"创建新图层"按钮下进行复制，命名为"图层 2"；然后单击"图层 1"为当前编辑图层，执行"滤镜"→"模糊"→"动感模糊"命令，将"角度"设置为"60"度，"距离"为"530"像素，如图 9-45 所示。单击"确定"按钮，得到如图 9-46 所示的动感模糊效果。

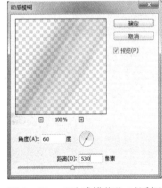

图 9-45　"动感模糊"对话框　　　　　　　　　　　　图 9-46　动感模糊效果

（3）然后用"多边形套索工具"选择飞机的前半部分，按 Delete 键删除机头部分像素，适当调整后得到如图 9-47 所示的效果，然后以"动感模糊"为文件名保存。

（4）打开文件"素材图像 54"，图像本身也有两个图层，如图 9-48 所示。

图 9-47　完成效果　　　　　　　　　　　　　　　图 9-48　原始图像

（5）单击"图层"面板，选择"背景"图层作为当前编辑图层；选择"滤镜"→"模糊"→"径向模糊"命令，在"径向模糊"对话框中，"模糊方法"选择"缩放"，"数量"为"68"，单击"中心模糊"图例的上半部分，如图 9-49 所示，确定后得到如图 9-50 的效果，以"径向模糊"为文件名保存。

图 9-49　"径向模糊"中"缩放"选项　　　　　图 9-50　"径向模糊"中"缩放"效果

（6）打开文件"素材图像 55"，如图 9-51 所示。

（7）选中"背景"图层，选择"滤镜"→"模糊"→"径向模糊"命令，在"径向模糊"对话框中，"模糊方法"选择"旋转"，"数量"调整为"18"，如图 9-52 所示，确定后得到如图 9-53 的效果，以"花的径向模糊"为文件名保存。

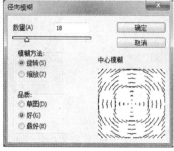

图 9-51　原始图像　　　　　图 9-52　选择"径向模糊"　　　　图 9-53　完成效果
　　　　　　　　　　　　　　中"旋转"选项

9.2.2　项目实训 2 —— 装饰图案

[案例说明]

本案例将制作出如图 9-54 所示的"装饰图案"效果。本例主要使用"渐变工具""波浪""极坐标""图层混合模式"等工具和命令操作完成。扫一扫二维码 9-2，可观看实操演练过程。

图 9-54　"装饰图案"效果　　　　　　　二维码 9-2

[制作步骤]

（1）打开文件"素材图像 36"，如图 9-55 所示。

（2）点按"F7"调出"图层"面板，在面板中点按"背景层"并拖动至右下方的"创建新图层"按钮 上，复制得到"图层副本"，然后回到"背景层"（即激活"背景层"），如图 9-56 所示。

图 9-55　原始图像　　　　　　　　图 9-56　复制图层

（3）点按"图层副本"前面的眼睛图标 ，隐藏"图层副本"。前景色为"黑色"、背景色为"白色"，选择"渐变工具" ，在"渐变工具"的属性栏中单击"渐变设置"按钮 ，在弹出对话框的"预设"中选择"黑色、白色"，在新文件中从下到上拉出渐变色，效果如图 9-57 所示。

图 9-57　渐变填充

（4）选取"滤镜"→"扭曲"→"波浪"命令，在弹出的对话框中适当进行设置（"类型"选项中一定选"三角形"），如图 9-58 所示。设置后点按"确定"，所得效果如图 9-59 所示。

图 9-58　"波浪"滤镜对话框

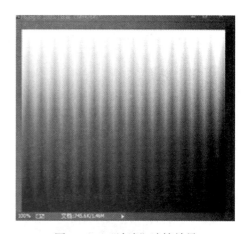

图 9-59　"波浪"滤镜效果

（5）选取"滤镜"→"扭曲"→"极坐标"命令，在弹出的对话框选项中选择"平面坐标到极坐标"，如图 9-60 所示。

图 9-60　"极坐标"滤镜对话框

图 9-61　"极坐标"滤镜效果

（6）设置后点按"确定"，所得效果如图9-61所示。

（7）点按"图层副本"（即激活"图层副本"），在"图层"控制面板中选择"图层混合模式"为"颜色"，如图9-62所示。最终所得装饰图案效果如图9-63所示。

图9-62　"图层"面板

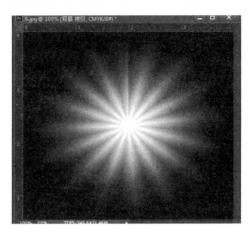

图9-63　完成效果

9.2.3　项目实训3——"兄弟情"

［案例说明］

本案例将制作出如图9-64所示的相框效果。本例主要使用"套索工具""反向""网状""图层混合模式"等工具和命令操作完成。扫一扫二维码9-3，可观看实操演练过程。

图9-64　完成效果

二维码9-3

［制作步骤］

（1）打开文件"素材图像56""素材图像57"，如图9-65、图9-66所示。

图 9-65　　"素材图像 56"

图 9-66　　"素材图像 57"

（2）点击"素材图像 56"，作为当前编辑文件，在"图层"面板中点按"背景层"并拖动至右下方的"创建新图层"按钮 上（如果"图层"面板没有显示出来，点按"F7"调出"图层"面板），复制得到"图层副本"，然后回到"背景层"（即激活"背景层"），如图 9-67 所示。

图 9-67　复制"背景层"

（3）回到"背景层"（即激活"背景层"），将背景层填充"白色"，然后点击"背景拷贝"图层，按"Ctrl+T"组合键将其适当缩小，如图 9-68 所示。

图 9-68　缩小图片

217

（4）选用"套索工具"在图像中建立"不规则选区"，如图 9-69 所示。

图 9-69　建立选区

（5）单击"图层"面板中的"创建新图层"按钮，新建"图层 1"；再选择"选择"→"反向"菜单命令，反选对象；将背景色设置为"白色"，点按"Ctrl+Delete"快捷键将"选区"填充白色，效果如图 9-70 所示，按"Ctrl+D"组合键取消选区。

图 9-70　填充"白色"

（6）将文件"素材图像 57"拖至文件"素材图像 56"中，如图 9-71 所示。

图 9-71　拖入原始图像"素材图像 57"

（7）按住 Ctrl 键，同时点击"图层"面板中的"图层 1"，建立选区。然后选择"选择"→"反向"命令，反选后按 Delete 键将"素材图像 57"的部分区域删除（确认"图层 1"是当前编辑图层），如图 9-72 所示，按"Ctrl+D"组合键取消选区。

图 9-72　删除

（8）选用"套索工具"在图像中建立"不规则选区"，然后选择"选择"→"反向"命令，反选对象；按 Delete 键，再将"素材图像 57"的部分区域删除，效果如图 9-73 所示，按"Ctrl+D"组合键取消选区。

图 9-73　再次删除

（9）选择→"滤镜"→"滤镜库"→"素描"→"网状"命令，如图 9-74 所示，确定后得到如图 9-75 的效果。

图 9-74　"网状"滤镜

图 9-75　"网状"滤镜效果

（10）在"图层"面板底部选择，选择"添加图层样式"按钮 ![fx]，在弹出的对话框中，点选"斜面和浮雕"选项，其他设置为默认即可，如图 9-76 所示。

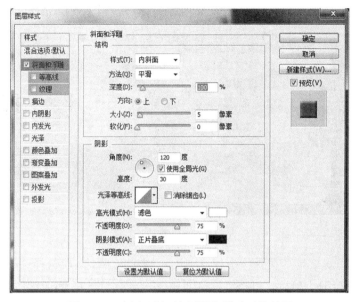

图 9-76　选用"斜面和浮雕"样式后的效果

（11）继续添加"图层样式"效果，在"图层样式"中选择"投影"，其他各选项设置为"默认"，得到效果如图 9-77 所示。

（12）选用"套索工具"在图像中一只小狗脸上建立"不规则选区"，然后选择"选择"→"羽化"命令，羽化值设置为"30"左右；按"Ctrl+C"组合键复制，再按"Ctrl+V"组合键粘贴，然后将其调整到"图层"中最上层，根据自己喜好进行缩小、明暗调整等效果处理后，效果如图 9-78 所示。

图 9-77　"斜面和浮雕"样式

图 9-78　完成效果

第 10 章

综合项目实训

本章通过一些具有代表性的综合实例，进一步针对性地讲解 Photoshop CC 实践操作和具体运用。案例中既有工具使用方法，又有经验技巧，使读者能更好地掌握 Photoshop 实践应用技术，提高综合能力水平。

10.1　综合项目实训 1 ——"人窗合成"效果

[案例说明]

本案例主要通过应用"图章工具""剪切工具""魔棒工具""图层次序调整"等，结合对图形的"自由变换"和改变图层的"不透明度"，模仿人在窗口内向外看的效果，如图 10-1 所示。扫一扫二维码 10-1，可观看实操演练过程。

图 10-1　"人窗"合成效果　　　　　　　二维码 10-1

[制作步骤]

（1）打开文件"素材图像 58"，如图 10-2（a）所示。选择"仿制图章工具"，按住 Alt 键，然后在人的头部红点附近仿制人的皮肤颜色。释放 Alt 键，将红色点替换为与皮肤相同的颜色，效果如图 10-2（b）所示。

（a）　　　　　　　　　　　　　　　（b）

图 10-2　去掉人物额头上"红点"

（2）打开文件"素材图像 59"，复制一个"背景"图层，并将其命名为"背景副本"，把原来的"背景"图层填充为"白色"；选择"背景副本"图层作为当前编辑图层，选择"魔棒工具"，在属性栏上把"容差"设为"50"，按住 Shift 键，选取图像中黑色部分，如图 10-3 所示；然后按 Delete 键将其清除。

（3）按"Ctrl+D"组合键取消选区，用"魔棒工具"选取图中的"玻璃"，按"Ctrl+X"组合键将其剪切掉，然后按"Ctrl+V"组合键将其粘贴为一个新的图层，命名为"图层 1"；将分离出的玻璃移动到窗口中原来的位置，在"图层"面板中可以看到已把玻璃与窗户分离成两个图层。

（4）用"移动工具"将文件"素材图像 58"拖动到文件"素材图像 59"中，放在"背景副本"图层下面，命名为"图层 2"；选择"编辑"→"自由变换"命令，调整人像在图层内的大小及位置，图层的分布情况如图 10-4 所示。

（5）选择"图层 1"作为当前编辑图层，将"图层 1"的不透明度调整"50%"左右，即可得到最终的效果，如图 10-5 所示，然后以"人窗合成"为文件名保存。

 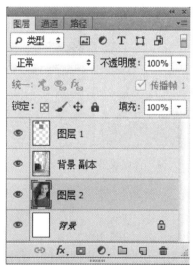 

图 10-3　删除黑色部分　　　　　图 10-4　"图层"面板　　　　　图 10-5　完成效果

10.2　综合项目实训 2 ——"笑迎新春"招贴设计

[案例说明]

本案例主要通过应用"选框工具""渐变填充工具""文字工具""描边""合并图层"等工具和命令，制作出如图 10-6 所示的效果。扫一扫二维码 10-2，可观看实操演练过程。

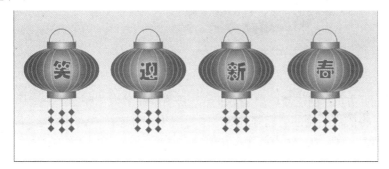

图 10-6　完成效果

二维码 10-2

[制作步骤]

（1）选择"文件"→"新建"命令，在对话框中设置宽度为"20 厘米"，高度为"10 厘米"，背景内容为"白色"，其他默认，单击"确定"按钮，如图 10-7 所示。

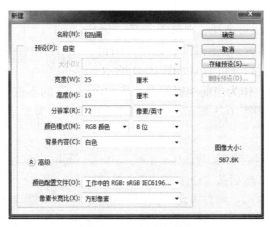

图 10-7　新建文件

（2）按"图层"面板右下方的"创建新图层"按钮，新图层命名为"图层 1"；选用"椭圆选框工具"，绘制一"椭圆选区"（宽度不超过 6 厘米，高度不超过 3.5 厘米），如图 10-8 所示。

（3）设置前景色为"黄色"（C：0，M：0，Y：100，K：0），背景色为"红色"（C：0，M：100，Y：60，K：0）；选择"渐变工具"，在渐变工具的属性栏中单击渐变设置按钮，在弹出对话框中选择"前

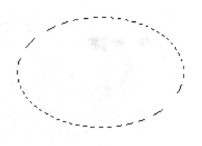

图 10-8　绘制椭圆

景到背景"；在新文件中从上到下拉出渐变色，效果如图 10-9 所示。

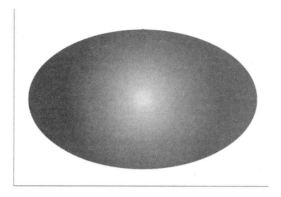

图 10-9　渐变填充

（4）按"图层"面板右下方的"创建新图层"按钮，新图层命名为"图层 2"；选择"选择"→"变换选区"命令，将前面绘制的"椭圆选区"适当缩小，再选择"编辑"→"描边"命令，"描边"色为"黄色"（C：0，M：0，Y：100，K：0），设置如图 10-10 所示，效果如图 10-11 所示。

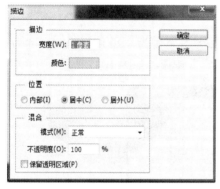

图 10-10　"描边"对话框

图 10-11　描边

（5）按"Ctrl+D"组合键取消选区；按住 Alt 键，同时点选刚描边的"椭圆形"并拖动光标复制一"椭圆"，然后按"Ctrl+T"组合键将其适当缩小；利用同样的方法，继续移动复制椭圆并将其适当缩小；然后点按"图层"面板右上角的弹出菜单中选取"向下合并图层"，一直合并到"图层 2"，效果如图 10-12 所示，合并图层后的"图层"面板如图 10-13 所示。

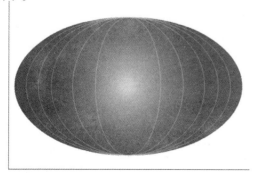

图 10-12　移动复制椭圆

图 10-13　合并部分图层

（6）按"图层"面板右下方的"创建新图层"按钮 ⬚，新图层命名为"图层 3"；选择"矩形选框工具" ⬚，在椭圆上方绘制一个"矩形"，然后依照第（3）步方法，为其填充"渐变色"，如图 10-14 所示；然后复制，并将复制的矩形移动到椭圆的下方位置，如图 10-15 所示。

图 10-14　绘制矩形并填充渐变色

图 10-15　调整并复制矩形

（7）按"图层"面板右下方的"创建新图层"按钮 ⬚，新建图层；选择"椭圆工具" ⬚，在图形上方绘制一个"椭圆"，并描边"红色"（C：0，M：100，Y：60，K：0）；再选择"矩形选框工具" ⬚，在椭圆中间部位向下绘制一个"矩形"（选中"椭圆"下半部分）， 然后按 Delete 键将下部分删除，制作出一"弧形线"作为灯笼的"拉线"，如图 10-16 所示。

图 10-16　制作拉线

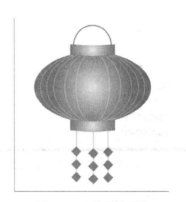
图 10-17　绘制吊须线

（8）新建"图层"，再选择"矩形选框工具" ⬚ 绘制"线条"，填充红色（C：0，M：100，Y：60，K：0）后另复制两条；然后绘制"矩形"并填充为红色（C：0，M：100，Y：60，K：0），按"Ctrl+T"组合键将其旋转 45 度，这样灯笼的吊须线绘制完成，效果如图 10-17 所示。

（9）在"图层"面板中单击"背景层"左侧的眼睛图标 👁 将其暂隐藏，然后点按"图层"面板右上角的 📄 弹出菜单中选取"合并可见图层"或按快捷键"Shift+Ctrl+E"，将刚绘制的所有形体合并成一个"灯笼"图层，然后在"图层"面板中再单击"背景层"左侧的眼睛图标将其显示，效果如图 10-18 所示。

图 10-18　图层效果

225

（10）复制 3 个灯笼图形，调整好位置；在 4 个并列的灯笼上方输入文字"笑迎新春"，并填充为红色（C：0，M：100，Y：100，K：0），轮廓填充为白色（C：0，M：0，Y：0，K：0），调整"字体"（为"汉仪圆叠体简"，也可选择自己喜欢的字体替代）和"字号"（"50"左右），属性栏设置如图 10-19，得到效果如图 10-20 所示。

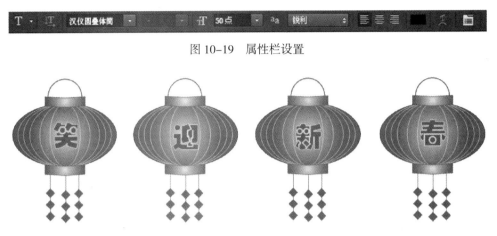

图 10-19　属性栏设置

图 10-20　输入文字

（11）选择"渐变填充工具" ，在弹出的"渐变填充方式"对话框中，将其颜色设置为黄色（C：0，M：0，Y：100，K：0）到白色（C：0，M：0，Y：0，K：0）的渐变，其他参数设置为默认，在"背景层"绘制渐变色，最终效果如图 10-21 所示。

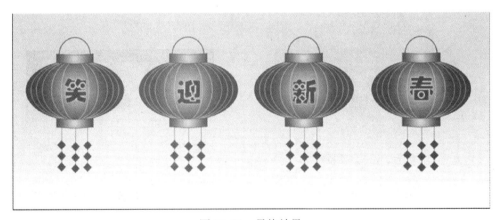

图 10-21　最终效果

（12）选择"文件"→"保存"（快捷键为"Ctrl + S"），将绘制的图形文件保存为"笑迎新春招贴"文件。

10.3　综合项目实训 3 —— 美女头发的选择

[案例说明]

本案例效果如图 10-22 所示。在 Photoshop 图像合成中，抠图换背景是最常遇到的问题，对于简单的物体来说，可以使用"钢笔工具"或"魔棒工具"完成，但对于如细微网状和纤细发丝等细微物体就不那么容易操作了。如果想完成较复杂的毛发等物体的选择，"通道"一般能帮我们实现目的。扫一扫二维码 10-3，可观看实操演练过程。

图 10-22　效果对比

二维码 10-3

[制作步骤]

（1）打开文件"素材图像 60"，我们先简单分析发丝与背景的颜色差别，感觉色差比较接近，先要简单地调色，如图 10-23 所示。

图 10-23　原始图像

图 10-24　复制通道

（2）调出"通道"面板并且分别查看红、绿、蓝三个通道下的图像。通过观察，相对来说，绿色通道色彩对比比较明显；选择"绿色通道"拖动该通道的缩略图到"新建通道"的图标上，复制该通道得到"绿拷贝"通道。如图 10-24 所示。

（3）右手臂与周边背景一样太亮，不利于操作，需要将其涂抹成深色；点选"RGB"通道，选用"钢笔工具"或"磁性套索工具"将手臂选中；然后回到"绿拷贝"通道，如图 10-25 所示；选用"画笔工具"将"选区"涂抹成深色，如图 10-26 所示。

图 10-25　建立选区

图 10-26　填色

（4）确认"绿拷贝"通道被选中，按"Ctrl+L"组合键调出"色阶"命令，调整明暗对比，"色阶"对话框设置如图 10-27 所示。

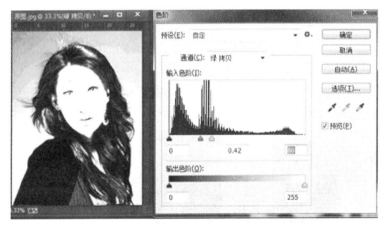

图 10-27　"色阶"对话框

（5）点击"放大工具"将人物头部放大；选择"画笔工具"将边缘部分淡淡的发丝涂抹成深色（注意画笔大小的设置），再次按"Ctrl+L"组合键调出"色阶"命令，调整明暗对比，如图 10-28 所示。

图 10-28　"色阶"对话框

（6）选择"画笔工具"将"人物"部分全部涂抹成深色，背景涂抹成白色，如图
10-29 所示。

图 10-29　画笔涂色　　　　　　图 10-30　反相　　　　　　图 10-31　建立选区

（7）选择"图像"菜单→"调整"→"反相"命令（快捷键"Ctrl+I"），如果有些地
方不理想，可选用"画笔工具"继续调整；然后按 Ctrl 键同时点击"绿拷贝"通道缩略图，
建立选区，如图 10-30 所示；回到"图层"面板，这时"美女"选区就创建完成，如图
10-31 所示。

（8）按"Ctrl+C"快捷键，再按"Ctrl+V"快捷键，复制"美女"，将背景层填充为
蓝色（或别的自己喜欢的色），这样，我们就用修改通道做出的这个选区抠出了比较理想
的头发丝，效果如图 10-32 所示。

图 10-32　将背景填充为蓝色

（9）将抠出来的"美女"放大并仔细观察头发的边缘是否有浅色的半透明区域，
如果有，可以选用"加深工具"，设定范围为高光，然后轻轻地涂抹（降低不透明度和浓度）
头发的边缘；然后对不满意的发丝边缘用"橡皮擦工具"慢慢进行修边，使其柔和、自然（注
意"橡皮擦工具"的设置，"笔头"设置为"柔边圆"，"流量"设置为"10"左右）。

（10）细节调整完毕后，可选用一幅自己喜欢的风景做背景，将"美女"拖入，并适当调整大小，完成最终效果如图 10-33 所示。

图 10-33　将背景换成风景图片

10.4　综合项目实训 4——UI 设计与制作

[案例说明]

本案例将制作 UI 设计中的"按钮"效果，如图 10-34 所示。主要用到"多边形套索工具""画笔工具""减选""复制图层""图层样式"等工具和命令操作完成。扫一扫二维码 10-4，可观看实操演练过程。

图 10-34　完成效果

二维码 10-4

[制作步骤]

（1）按"Ctrl+N"组合键新建一文件，在弹出对话框中设置如图 10-35 所示，点按"确定"后创建新文件。

（2）点按"图层"面板右下方的"创建新图层"按钮 🔳，新图层命名为"图层 1"；在工具栏中选中"矩形选框工具" 🔳，并在画面中画一方形选区，设置前景色为"R：65，G：65，B：67"，按"Alt+Delete"组合键为方形选区填色，如图 10-36 所示。

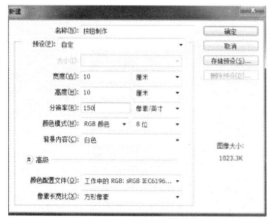

图 10-35　新建文件

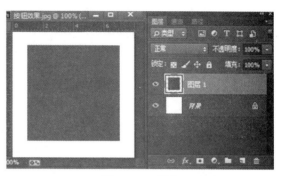

图 10-36　填色

（3）选用"多边形套索工具"建立选区（选择矩形"1/4"），如图 10-37 所示。

（4）选择"图像"菜单→"调整"→"亮度 / 对比度"命令，弹出的"亮度 / 对比度"对话框设置如图 10-38 所示；点击"确定"后效果如图 10-39 所示。

图 10-37　建立选区

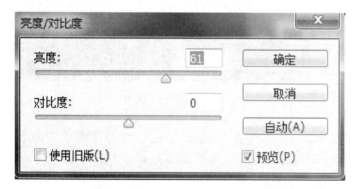

图 10-38　"亮度 / 对比度"对话框

图 10-39　"亮度 / 对比度"效果

（5）选择"加深工具"将选区左边部分颜色加深；然后选择"选择"菜单→"反向"命令，将对象反选，选择"减淡工具"将选区左边部分颜色减淡；按"Ctrl+D"组合键取消选择后，效果如图 10-40 所示。

（6）选择"图层"面板中"创建新图层"按钮 ，新建"图层 2"；在工具栏中选中"椭圆选框工具"，按"Shift+ Alt"组合键通过矩形中心点绘制一椭圆形选区；设置前景色为"R：155，G：155，B：155"，背景色为"白色"，将"椭圆形选

图 10-40　"加深 / 减淡"对象

区"填充"渐变色"，如图 10-41 所示。

图 10-41   渐变填充

图 10-42   复制椭圆

（7）点按"图层 2"缩略图拖至"图层"面板中"创建新图层" 按钮，复制一图层，名称为"图层 2 拷贝"；按"Ctrl +T"组合键，再按"Shift+Alt"组合键同时将鼠标放"正圆"选区右上角往左下方方向拖动鼠标，将"正圆"等比缩小到合适大小后松开鼠标，设置前景色为"R：65，G：65，B：67"，按"Alt+Delete"组合键为选区填色，如图 10-42 所示。

（8）点按"图层 2 拷贝"缩略图拖至"图层"面板中"创建新图层"按钮 ，复制一图层，名称为"图层 2 拷贝 2"；按"Ctrl +T"组合键将"正圆"等比缩小到合适大小后松开鼠标；按 Ctrl 键同时点击"图层 2 拷贝 2"缩略图，建立选区，设置前景色为"R：27，G：9，B：21"，按"Alt+Delete"组合键为选区填色，如图 10-43 所示。

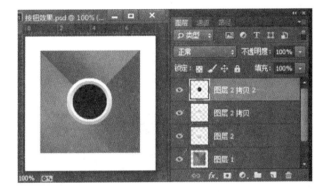

图 10-43   填色

（9）点按"图层 2 拷贝 2"缩略图拖至"图层"面板中"创建新图层"按钮 ，复制一图层，名称为"图层 2 拷贝 3"；点按"图层 2 拷贝 3"缩略图拖至"图层"面板中"创建新图层"按钮 ，复制一图层，名称为"图层 2 拷贝 4"；按"Ctrl +T"组合键将"图层 2 拷贝 4"中"正圆"等比缩小到合适大小后松开鼠标，建立选区，设置前景色为"R：26，G：17，B：20"，按"Alt+Delete"组合键为选区填色，如图 10-44 所示。

（10）按 Ctrl 键同时点击"图层 2 拷贝 4"缩略图，建立选区，回到"图层 2 拷贝 3"，按 Delete 键将"图层 2 拷贝 3"中"正圆"中间部分删除，如图 10-45 所示。

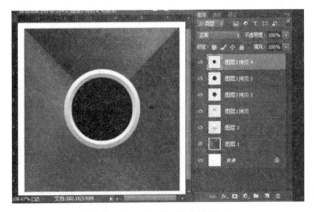

图 10-44   复制多个椭圆

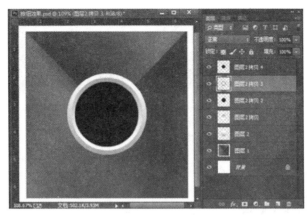

图 10-45　删除

（11）点按"图层"面板右下方的"添加图层样式"按钮 **fx.**，在图层样式弹出菜单中选择"斜面和浮雕"，在弹出的"斜面和浮雕"样式中设置如图 10-46 所示，点按"确定"效果如图 10-47 所示。

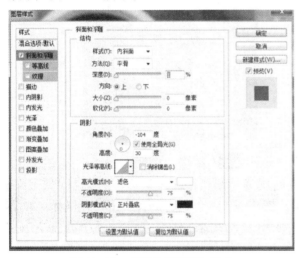

图 10-46　"斜面和浮雕"样式

图 10-47　"斜面和浮雕"效果

（12）点按"图层"面板右下方的添加图层样式按钮 **fx.**，在图层样式弹出菜单中选择"内发光"，在弹出的"内发光"对话框中设置如图 10-48 所示，点按"确定"效果如图 10-49 所示。

（13）点击"图层"面板中"创建新图层"按钮，新建"图层 3"；按住 Ctrl 键同时点击"图层 2 拷贝 4"缩略图，建立选区，设置前景色为"R：98，G：63，B：82"，按"Alt+Delete"组合键为选区填色；按"Ctrl +T"组合键将"图层 3"中"正圆"等比缩小到合适大小后松开鼠标，如图 10-50 所示。

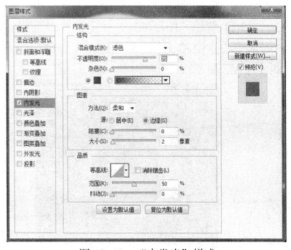

图 10-48　"内发光"样式

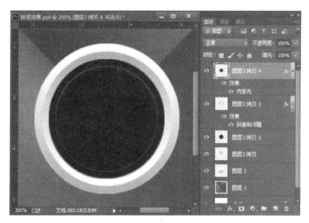

图 10-49   "内发光"效果

图 10-50   填充淡色

图 10-51   填充淡色

（14）执行"第 13 步"相同操作（新图层为"图层 3 拷贝"），新绘制"正圆"颜色为深色（"R：21，G：15，B：15"）；将其等比缩小到合适大小后松开鼠标，如图 10-51 所示。

（15）执行"第 13 步"相同操作（新图层为"图层 3 拷贝 2"），新绘制"正圆"颜色为"R：46，G：36，B：37"；"正圆"等比缩小到合适大小后松开鼠标，如图 10-52 所示。

（16）新建"图层 4"；在工具栏中选中"椭圆选框工具"，按"Shift+ Alt"组合键通过图形中心点绘制一个圆形选区；在属性栏勾选"从选区减去"，将圆形选区减去一部分，如图 10-53 所示。

图 10-52   填色

图 10-53   减选

（17）设置前景色为"R：32，G：26，B：23"，按"Alt+Delete"组合键为半圆选区填色；设置前景色为"R：37，G：75，B：34"，选用"画笔工具"为"椭圆形选区"涂抹"渐变色"（画笔属性栏"不透明度"设置为"30%"左右），如图 10-54 所示；建立选区，同样的方法用"画笔工具"为"椭圆形选区"涂抹"渐变色"（"前景色"为"R：50，G：103，B：93"），如图 10-55 所示。

图 10-54　画笔涂色

图 10-55　画笔涂色

（18）新建"图层 5"；选用"椭圆选框工具"，同时按"Shift+ Alt"组合键通过图形中心点绘制一圆形选区；设置前景色为"R：47，G：159，B：48"，按"Alt+Delete"组合键为圆形选区填色，如图 10-56 所示。

（19）新建"图层 6"；选用"椭圆选框工具"，同时按"Shift+ Alt"组合键通过图形中心点绘制一圆形选区；设置前景色为"R：9，G：9，B：9"，按"Alt+Delete"组合键为圆形选区填色，然后适当调整椭圆位置，如图 10-57 所示。

图 10-56　画笔涂色

图 10-57　画笔涂色

（20）新建"图层 7"；选用"椭圆选框工具"绘制一个圆形选区；设置前景色为"白色"，按"Alt+Delete"组合键为圆形选区填色，然后复制刚才绘制的圆形，适当缩小椭圆并调整好椭圆位置，效果如图 10-58 所示；也可以点按"图层"面板右下方的"添加图层样式"按钮 **fx.**，在图层样式弹出菜单中选择"投影"，为图形添加投影效果，如图 10-59 所示。

图 10-58 绘制"圆形"
并填充白色

图 10-59 投影效果

图 10-60 完成效果

（21）这时按钮基本完成，但感觉周边太空，如果想为按钮添加更丰富的效果，可以继续按上面的操作为其添加其他效果，如图 10-60 所示。

10.5 综合项目实训 5 ——"舞动青春"海报

［案例说明］

本案例主要通过应用"滤镜""色相/饱和度""渐变填充工具""文字工具""色阶""合并图层"等工具和命令，制作出如图 10-61 所示的效果。扫一扫二维码 10-5，可观看实操演练过程。

图 10-61 完成效果

二维码 10-5

［制作步骤］

（1）按"Ctrl+N"组合键新建文件，在弹出对话框中设置如图 10-62 所示（如果要打印输出，分辨率一般设置为"300"），单击"确定"按钮后创建新文件。

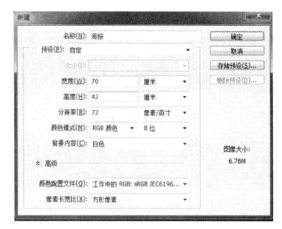

图 10-62　新建文件

（2）用"移动工具"将文件"素材图像 61"拖至刚"新建文件"中，将自动生成的"图层 1"，命名为"全景"图层。用"Ctrl+T"快捷键拉伸图片与画布大小一致；选择"图像"→"调整"→"阈值"，阈值设置为"70"左右，如图 10-63 所示；直到画面下方的建筑物黑白分明，清晰适中，如图 10-64 所示；再用白色画笔把画面下方的黑色全部涂抹干净，如图 10-65 所示。

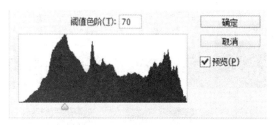

图 10-63　阈值

图 10-64　"阈值"效果

图 10-65　画笔涂抹

（3）选择"图像"→"调整"→"反相"命令，将图像黑白翻转，如图 10-66 所示。

图 10-66　画笔涂抹

（4）用"矩形选框工具"框选出建筑物，按"Ctrl+C"组合键，再按"Ctrl+V"组合键粘贴生成"图层 1"，将其重命名为"倒影"；选择"编辑"→"变换"→"垂直翻转"命令将对象垂直翻转，用"移动工具"适当调整位置，如图 10-67 所示。

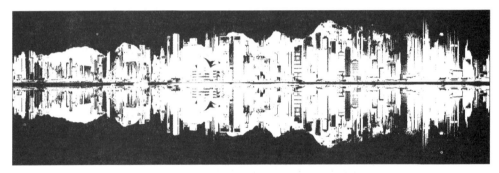

图 10-67　垂直翻转

（5）复制"倒影"图层，生成"倒影拷贝"图层。选中"倒影拷贝"图层，选择"滤镜"→"滤镜库"→"扭曲"→"玻璃"，设置如图 10-68 所示；再选择"滤镜"→"模糊"→"动感模糊"，设置角度为"90 度"、距离为"40 像素"，如图 10-69 所示；将"倒影拷贝"图层添加"图层蒙版"，如图 10-70 所示；选择"渐变工具"，渐变设置为"黑、白渐变"，从画面底部边缘开始，向上拉渐变，如图 10-71 所示。

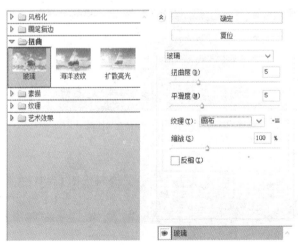

图 10-68　倒影拷贝

图 10-69　动感模糊　　　　　　　　　　　　　　图 10-70　图层蒙版

图 10-71　渐变效果

（6）将文件"素材图像 62"拖到"图层"面板最上方，将其重命名为"纹理"图层；纹理图层设置填充"50%"，为"纹理"图层添加一个"色相 / 饱和度"调整图层，如图10-72 所示，效果如图 10-73 所示。

图 10-72　色相 / 饱和度　　　　　　　　　　　图 10-73　"色相 / 饱和度"调整效果

（7）打开文件"素材图像 63"，去掉舞者素材的背景，抠出舞者，将舞者拖入"海报"文件，生成新图层，重命名为"舞者"图层；按"Ctrl+T"快捷键调整其位置和大小，如图 10-74 所示。

图 10-74 拖入"舞者"图像

（8）复制"素材图像 63"图层，选中"舞者拷贝"图层，执行"图像"→"调整"→"阈值"命令，数值设置为"130"，如图 10-75 所示；再执行"滤镜"→"杂色"→"中间值"，把人物黑白边缘调光滑一些，如图 10-76 所示；设置"舞者拷贝"图层的图层混合模式为"正片叠底"，如图 10-77 所示。

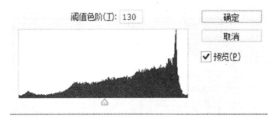

图 10-75 阈值

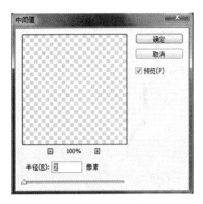

图 10-76 中间值

图 10-77 设置"图层样式"

（9）点击"图层"面板中的"创建新的填充或调整图层"按钮，选择"渐变…"命令，在弹出的"渐变填充"的对话框中设置从"白色到透明"的渐变；"移动工具"将渐变中心拖放到画面偏左上的位置，点击"渐变填充"对话框中的"确定"按钮，如图 10-78 所示。

（10）将"渐变填充 1"图层重命名为"光照"图层，切换至"舞者"图层，按住 Ctrl 键，同时单击"图层缩略图"，

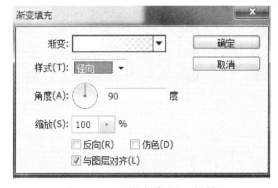

图 10-78 "渐变填充"对话框

选择"矩形选框工具"，拖动选区到合适位置，如图 10-79 所示。

图 10-79　渐变填充效果图 1

（11）复制"光照"图层，隐藏"光照"图层；栅格化"光照拷贝"图层，按下键盘上的 Delete 键，出现影子；按"Ctrl+D"组合键取消选区，再按"Ctrl+T"组合键自由变换影子的大小，如图 10-80 所示。

图 10-80　渐变填充效果图 2

（12）选中"色相/饱和度"调整图层，单击"图层"面板下方"创建新的填充或调整图层"按钮，新建"色阶"调整图层，设置如图 10-81 所示。

（13）设置前景色为"黑色"，选中"画笔工具"，按 F5 键调出"画笔预设"，设置画笔的笔头为"方头"，如图 10-82 所示；然后切换到"画笔"选项卡，分别设置"形状动态""散布""传递"选项，如图 10-83、图 10-84、图 10-85 所示。

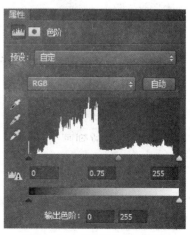

图 10-81　"色阶"调整图层

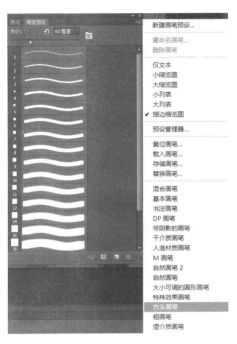

图 10-82　画笔设置

图 10-83　"形状动态"选项

图 10-84　"散布"选项

图 10-85　"传递"选项

（14）在"色阶"调整图层上方，新建图层，重命名为"装饰"图层；前景色为"白色"，使用设置好的画笔在"装饰"图层上画出满意的效果，如图 10-86 所示。

图 10-86 画笔涂抹

（15）将"装饰"图层执行"滤镜"→"杂色"→"中间值"，数值自定，效果如图 10-87 所示。

图 10-87 "中间值"效果

图 10-88 "文字"图层

（16）选择"横排文字工具"，设置字体、字号，输入"舞动青春"，如图 10-88 所示；按"Ctrl+T"组合键自由变换文字，如图 10-89 所示。

图 10-89 调整"文字"

10.6 综合项目实训 6 —— 数码照片综合合成

[案例说明]

在 Photoshop 图像合成中，如果要使数码照片多图合成自然、真实，必须熟练掌握 Photoshop 的图像处理技巧和丰富的实战经验积累。本例主要通过应用"选框工具""渐变填充工具""文字工具""描边""合并图层"等工具和命令，制作出如图 10-90 所示的效果。扫一扫二维码 10-6，可观看实操演练过程。

图 10-90 完成效果

二维码 10-6

[制作步骤]

（1）打开文件"素材图像 64""素材图像 65""素材图像 66""素材图像 67"，如图 10-91、图 10-92、图 10-93、图 10-94 所示。

图 10-91 原始图像"看台"

图 10-92 原始图像"人物"

图 10-93　原始图像"飞机"　　　　　　　　　图 10-94　原始图像"小狗"

（2）将文件"素材图像 64"作为背景图像，使用"移动工具"将文件"飞机"拖至文件"素材图像 64"中，将自动生成的"图层 1"重命名为"飞机"，适当调整大小和位置，如图 10-95 所示。

图 10-95　拖入"飞机"图像

（3）在"图层"面板左上方选择"图层混合模式"为"柔光"，然后在"图层"面板底部选择点击"添加图层蒙版"按钮，将"飞机图层"添加"蒙版"；选择"画笔工具"，设置前景色为"黑色"，在画笔属性栏设置"流量"为"15"左右，然后在"飞机"图像周边涂抹，直到两图像之间感觉融合自然为止，如图 10-96 所示。

图 10-96　添加图层蒙版

（4）选用"磁性套索工具"，选中文件"素材图像66"中的"美女"，如图10-97所示。

（5）使用"移动工具"将刚选中的"美女"拖至文件"看台"文件中，使用"仿制图章工具"修改阴影效果；点按"Ctrl+T"组合键调整"人物"大小，然后将"人物"图像水平翻转后（与背景图像"看台"的阴影统一方向）适当调整位置，如图10-98所示。

图10-97　建立选区　　　　　　　　　图10-98　调整"人物"

（6）点选"素材图像67"图像，调出"通道"面板并且分别查看红、绿、蓝三个通道下的图像；通过观察，相对来说，红色通道色彩对比比较明显；选择"红色通道"拖动该通道的缩略图到"新建通道"的图标上，复制该通道得到"红拷贝"通道；按"Ctrl+L"组合键调出"色阶"命令，调整明暗对比，如图10-99所示；点按"确定"按钮后效果如图10-100所示。

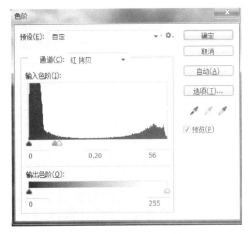
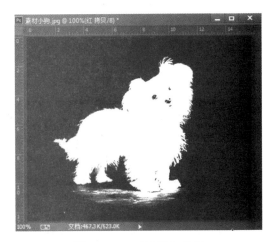

图10-99　"色阶"对话框　　　　　　　图10-100　"色阶"效果

（7）选用"画笔工具"将"小狗"全身涂抹成白色，背景全部涂抹成黑色，如图10-101所示；将"红拷贝"通道删除，回到"图层"面板，就为"小狗"建立了选区，如图10-102所示。

246

图 10-101　画笔涂色

图 10-102　建立选区

（8）使用"移动工具"将建立选区的"小狗"拖至文件"素材图像 64"中；这时如果感觉小狗有部分毛的边缘有黑斑，对不满意的边缘毛发用"橡皮擦工具"慢慢进行修边，使其柔和、自然（注意"橡皮擦工具"的设置，"笔头"设置为"柔边圆"，"流量"设置为"10"左右）），点按"Ctrl+T"组合键调整"小狗"图像大小，然后将"小狗"图像水平翻转后适当调整位置，如图 10-103 所示。

图 10-103　拖入"小狗"

（9）按快捷键"Ctrl+C"，再按快捷键"Ctrl+V"，复制"小狗"，选择"吸管工具"在"人物"阴影部位点选，将"前景色"变换为"人物阴影色"；将刚复制的"小狗"建立选区，并点按快捷键"Alt+Delete"为其填色；然后选取"编辑"→"变换"→"透视"命令调整刚填充了深色的"小狗"图形的形状，再选用"画笔工具"进一步调整其形状，效果如图 10-104 所示。

（10）根据需要继续调整细节，完成最终效果如图 10-105所示。

图 10-104　制作阴影

图 10-105 最终完成效果

10.7 综合项目实训 7 ——西红柿绘制

[案例说明]

本案例主要通过应用"钢笔工具""橡皮擦工具""加深""减淡""羽化""色相 / 饱和度""将路径作为选区载入""色阶"等工具和命令，制作出如图 10-106 所示的效果。扫一扫二维码 10-7，可观看实操演练过程。

图 10-106 完成效果

二维码 10-7

[制作步骤]

（1）按"Ctrl+N"组合键新建文件，在弹出对话框中设置如图 10-107 所示，点按"确定"后创建新文件。

（2）点按"图层"面板右下方的"创建新图层"按钮 ，新图层命名为"图层 1"；用"椭圆选框工具" ，在工作区描绘椭圆选区，然后在"路径"控制面板上点按"从选区生成工作路径"按钮，将选区转化为路径，用"直接选择工具"调整路径（注意节点的编辑）；然后在"路径"控制面板上点按"将路径作为选区载入"按钮，再将路径转化为选区，如图 10-108 所示。

（3）设置前景色为"C：11，M：87，Y：88，K：1"，按"Alt+Delete"组合键为选区填色，如图 10-109 所示。

（4）假设光是从西红柿的左上方照射过来，那么它的上面、左面相对来说比较亮，右面及下面比较暗（如果你学过美术基础，还可以表现出它的"反光"和"明暗交界线"

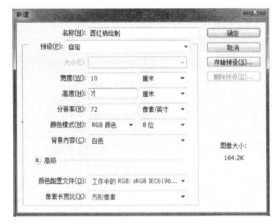

图 10-107　新建文件

关系等，这样所画的西红柿会更真实些）；先用"椭圆选框工具"，在红色椭圆上描绘一个椭圆选区，点按"Ctrl+T"组合键适当调整大小、旋转等，然后选取"选择"→"羽化"命令，在弹出的"羽化"对话框中设置羽化半径为"30"左右，如图 10-110 所示。

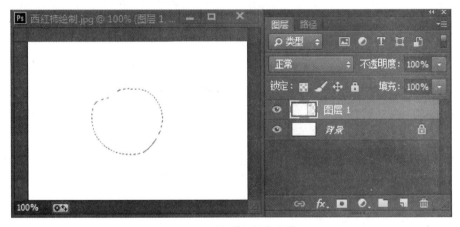

图 10-108　将路径转化为选区

图 10-109　填色

图 10-110　建立选区

（5）选择"图像"→"调整"→"色相 / 饱和度"命令，在弹出的"色相 / 饱和度"对话框中进行适当设置及效果如图 10-111 所示，可使用"加深"和"减淡"工具进一步调整明暗（笔头需选用"柔角"的，在属性栏中一定点按"启用喷笔功能"按钮，这样喷填上的色过渡才更自然）。

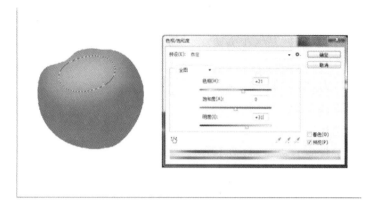

图 10-111　"色相 / 饱和度"

（6）选用"椭圆选框工具" 在红色椭圆上描绘一椭圆选区（位置如图 10-112 所示），选取"选择"→"反选"命令进行反选，进行羽化，羽化值为"35"左右，然后选取"图像"→"调整"→"亮度 / 对比度"命令，在弹出的对话框中设置如图 10-112 所示（注意：主要是亮度的设置）。

图 10-112　"亮度 / 对比度"

（7）点按"Ctrl+D"组合键，取消选区,用"加深""减淡"等工具进行更细节调整（笔头选用"柔角"的，在属性栏中点按"启用喷笔功能"按钮 ），效果如图 10-113 所示。

（8）西红柿形体有凹凸变化效果，也同样通过明暗变化来表现；用椭圆选框工具" "描绘一个椭圆选区，先选用"减淡"工具（设置笔头为"30"左右，曝光度为"20"以下，笔头选用"柔角"的，在属性栏中点按"启用喷笔功能"按钮 ），在椭圆选区内左上方涂抹，使其更亮；选取"选择"→"反选"命令进行反选，然后选用"加深"工具（设置笔头为"40"左右，曝光度

图 10-113　明暗细节调整

为"7"左右，笔头选用"柔角"的，在属性栏中点按"启用喷笔功能"按钮 ）在刚加亮的旁边涂抹相应"加深"，如图 10-114 所示；点按"Ctrl+D"组合键，取消选区，效果如图 10-115 所示。

图 10-114 建立选区

图 10-115 调整效果

（9）选用"椭圆选框工具" ⬭，画一个椭圆选区，然后在"路径"控制面板上点按"从选区生成工作路径"按钮，将选区转化为路径，用"直接选择工具" ⬚ 调整路径（注意节点的编辑），所得形状如图 10-116 所示。

（10）在"路径"面板上点按"将路径作为选区载入"按钮，将路径转化为选区，执行与步骤（8）相同操作（可适当来点细节描绘，如在暗部用"减淡"工具轻轻涂抹一下，曝光度一定要低，最好为"10"以下），如图 10-117 所示；点按"Ctrl+D"组合键，取消选区，效果如图 10-118 所示。

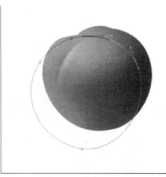

图 10-116 "从选区生成工作路径"

图 10-117 将路径转化为选区

图 10-118 细节调整

（11）继续用"椭圆选框工具"绘制一个椭圆选区，同样用"加深""减淡"等工具进行暗部与亮部的调整，如图 10-119 所示；点按"Ctrl+D"组合键，取消选区，效果如图 10-120 所示。

图 10-119 建立选区

图 10-120 暗部与亮部的调整

（12）点按"图层"面板右下方的"创建新图层"按钮 ，新建图层，在画面上用"钢笔工具" 描绘一形状并转化为选区，设置前景色为"C：77，M：45，Y：100，K：48"，按"Alt+Delete"组合键为选区填色，如图10-121所示。

（13）使用"缩放工具"或点按"Ctrl++"适当放大画面，选用"加深""减淡"等工具进行暗部与亮部的调整后，用"钢笔工具" 描绘一形状并转化为选区，如图10-122所示。

图10-121　填色

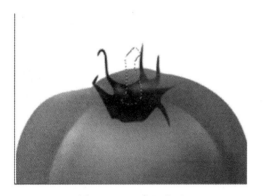

图10-122　建立选区

图10-123　填色

（14）设置前景色为"C：77，M：45，Y：100，K：48"，按"Alt+Delete"组合键为选区填色后用"加深""减淡"等工具进行暗部与亮部的调整，在最亮的地方需要设置前景色为"白色"，用画笔喷绘几次效果会更好，如图10-123所示。

（15）继续新建图层，用"钢笔工具" 描绘一形状并转化为选区，设置前景色为"C：23，M：96，Y：100，K：16"，按"Alt+Delete"组合键为选区填色，如图10-124所示。

（16）选用"橡皮擦工具" ，在工具属性栏设置如图10-125所示（在擦除过程中根据需要应相应调整其"不透明度"和"流量"的参数设置，一般是先参数大后参数小），用"橡皮擦工具" 涂擦刚填色的形体，使其具有从"实"到"虚"的变化过程；点按背景图层的眼睛按钮隐藏背景层，然后点按"图层"控制面板右上角的三角形 在弹出菜单中选中"合并可见图层"命令，合并除背景层以外的所有图层，如图10-126所示。

图10-124　填色

图10-125　属性栏

图 10-126　细节调整　　　　　　　　　　　图 10-127　亮部调整

（17）在西红柿的上面为亮部建立选区，设置前景色为"白色"，用画笔工具（设置其"不透明度"参数为"10"左右，笔头类型选用"柔角"的，笔头大小为"80"左右，点按"启用喷笔功能"按钮 ❿）喷绘，效果如图 10-127 所示。

（18）点按并拖动"图层 1"到"图层"控制面板的"创建新图层"按钮 ❑ 上，复制"图层 1"，得"图层 1 副本"，适当调整位置，如图 10-128 所示。

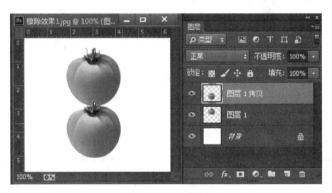

图 10-128　复制

（19）选择"编辑"→"变换"→"垂直翻转"命令将刚复制的西红柿翻转，再点按"Ctrl+T"组合键进行缩放（主要是将高度降低），如图 10-129 所示。

图 10-129　垂直翻转　　　　　　　　　　　图 10-130　渐变效果

（20）点按 Enter 键确定前面调整后，在"图层"面板上点按"添加图层蒙版"
按钮 ，选择工具箱中的"渐变工具" ，在"渐变工具"的选项栏中单击渐变设置按钮
 ，在弹出对话框中选择"前景到背景"（前景色为黑色，背景色为白色），从上到下
拉出渐变色，制作"倒影效果"，如图 10-130 所示。

（21）进行整体调整后，完成效果如图 10-131 所示。

图 10-131　完成效果

10.8　综合项目实训 8 ——卡通绘制

［案例说明］

本案例主要用到"钢笔工具""路径转换为选区""转换点工具"等命令和工具操作完
成如图 10-132 所示的效果。扫一扫二维码 10-8，可观看实操演练过程。

图 10-132　卡通画效果　　　　　　　　二维码 10-8

[制作步骤]

（1）按"Ctrl+N"组合键新建文件，在弹出对话框中设置如图 10-133 所示（如果要打印输出，分辨率一般设置为"300"），点按"好"确认后创建新文件。

图 10-133　新建文件

（2）单击菜单栏中的"窗口"→"图层"命令（或按"F7"），显示"图层"控制面板；选择工具箱中的"钢笔工具"，在属性栏中选择"路径"选项，绘制路径，选用"转换点工具" ⎨，将光标放在控制点（锚点、节点）进行调节（根据需要有时候要同时按住 Ctrl 键进行调节），如图 10-134 所示。

（3）点按"窗口"菜单→"路径"命令，显示"路径"控制面板；点按"路径"控制面板底部的"将路径作为选区载入"按钮 ○，将路径转换为选区，如图 10-135 所示。

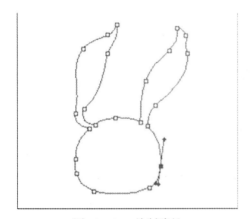

图 10-134　绘制路径

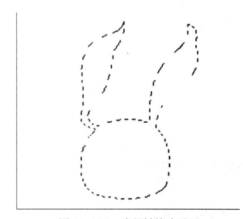

图 10-135　路径转换为选区

（4）设置前景色为"C：3，M：1，Y：14，K：0"，点按"图层"面板右下方的"创建新图层"按钮 ⬛，新建"图层 1"；然后按"Alt+Delete"组合键为选区填色，效果如图 10-136 所示。

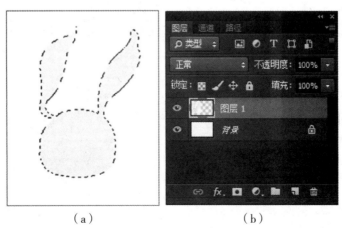

（a）　　　　　　　　　　（b）

图 10-136　填色

（5）选择"编辑"→"描边"命令，在弹出的对话框中进行设置；单击"描边"对话框中的"确定"按钮，并按"Ctrl+D"组合键取消选区，效果如图 10-137 所示。

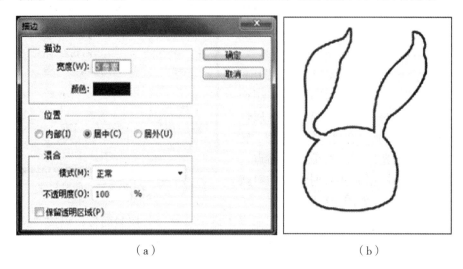

（a）　　　　　　　　　　　　　　　　　　　（b）

图 10-137　描边

（6）按"Ctrl++"组合键适当放大图像，选择工具箱中的"钢笔工具"绘制路径；与步骤（3）操作一样，将路径转变为选区，并新建"图层 2"；"前景色"为白色，用前景色填色，描边的宽度为"3"，颜色为黑色即可，效果如图 10-138 所示。

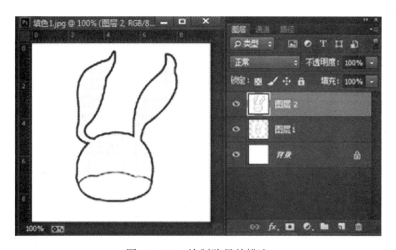

图 10-138　绘制路径并描边

（7）选择"钢笔工具"，与步骤（2）、（3）操作一样，绘制路径并适当调节后转变为选区，效果如图 10-139 所示。

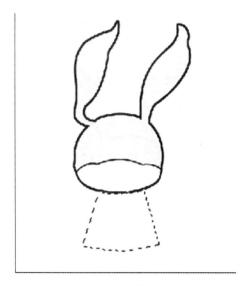

图 10-139   建立选区

图 10-140   填色

（8）前景色为"C：6，M：66，Y：52，K：0"，创建新图层"图层 3"，用前景色填色后再"描边"，然后点击"图层 3"并按住鼠标不放同时往下拖动"图层 3"，在"图层 2"处放开鼠标，"图层 3"就排在"图层 2"的下面，效果如图 10-140 所示。

（9）选择"钢笔工具"，绘制路径后转换为选区，前景色为"白色"，填色后再"描边"，效果如图 10-141 所示。

图 10-141   绘制脚

图 10-142   绘制手臂

（10）按"Ctrl++"组合键适当放大图像，选择"钢笔工具"，绘制路径然后转换为选区，前景色为"C：3，M：1，Y：14，K：0"，用前景色填色后再"描边"，效果如图 10-142 所示。

（11）设置前景色为"C：6，M：12，Y：45，K：0"，选择"椭圆选框工具"，在图像中绘制一个椭圆选区，点按"图层"面板右下方的"创建新图层"按钮 ，然后按

257

"Alt+Delete"组合键为选区填色后再"描边",效果如图 10-143 所示。

图 10-143 绘制小手   图 10-144 复制小手

(12)按住 Alt 键同时在图像中拖动刚描绘的"椭圆"图形,对其进行复制,用"移动工具"调整好刚复制"椭圆"图形的位置,效果如图 10-144 所示。

(13)按"Ctrl++"组合键适当放大图像,选择"钢笔工具",用"钢笔工具"绘制如图 10-145 所示路径。

图 10-145 绘制小嘴   图 10-146 填色

(14)点按"路径"面板底部的"将路径作为选区载入"按钮 ◎,将路径转换为选区;设置前景色为"C:2,M:24,Y:9,K:0",点按"图层"面板右下方的"创建新图层"按钮 ◻,然后按"Alt+Delete"组合键为选区填色后再"描边",效果如图 10-146 所示。

(15)按"Ctrl++"组合键适当放大图像,选择"钢笔工具",用"钢笔工具"绘制路径（描绘眼睛）；前景色为“黑色”，点按“图层”面板右下方的“创建新图层”按钮，再点按“路径”控制面板底部的“将路径作为选区载入”按钮，将路径转换为选区；然后按“Alt+Delete”组合键为选区填色，效果如图 10-147 所示。

图 10-147　绘制眼睛外形

图 10-148　绘制眼睛细节

（16）选择“钢笔工具”，用“钢笔工具”绘制路径；“前景色”为“白色”，将路径转换为选区后按“Alt+Delete”组合键为选区填色，卡通的“右眼”就画好了，效果如图 10-148 所示。

（17）按住 Alt 键同时在图像中拖动刚描绘的“右眼”图形，对其进行复制，得到“左眼”；用“移动工具”适当调整其位置，效果如图 10-149 所示。

图 10-149　复制眼睛

图 10-150　绘制围巾

（18）选择“钢笔工具”，用“钢笔工具”绘制路径；前景色为“C：2，M：24，Y：9，K：0”，点按“路径”面板底部的“将路径作为选区载入”按钮，将路径转换为选区，然后按"Alt+Delete"组合键为选区填色，效果如图 10-150 所示。

（19）按"Ctrl++"组合键适当放大图像，选择"钢笔工具"绘制路径；前景色为"黑色"，选择"画笔工具"，画笔笔头大小为"2"，点按"路径"面板底部的"用画笔描边路径"按钮，描边路径后点按"路径"控制面板右上角的三角按钮▣，在弹出菜单中选择"删除路径"命令，如图 10-151，得到效果如图 10-152 所示。

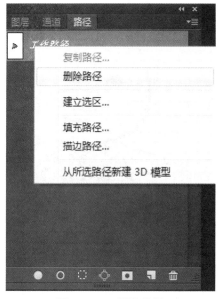

图 10-151　删除路径

图 10-152　绘制大拇指

（20）按住 Alt 键同时在图像中拖动刚描绘的"线"形，对其进行复制，然后选择"编辑"→"变换"→"水平翻转"命令，对刚复制的"线"形水平翻转后，用"移动工具"适当调整其位置，效果如图 10-153 所示。

图 10-153　复制大拇指

图 10-154　绘制眉毛

（21）按"Ctrl++"组合键适当放大图像，用"钢笔工具"在"右眼"上部绘制一条弧线，执行与步骤（20）相同的操作后，按住 Alt 键同时在图像中拖动刚描绘的"弧"形，对其进行复制，效果如图 10-154 所示。

（22）选择"钢笔工具"，用"钢笔工具"在卡通"左耳"上绘制如图 10-155 所示路径；将卡通"左耳"上绘制的路径转换为选区填充白色后，再用"钢笔工具"在卡通"右耳"上绘制路径并将其转换为选区，同样填充白色，效果如图 10-156 所示。

图 10-155　绘制路径

图 10-156　填色

（23）选择"椭圆选框工具"在卡通的脸上画一小圆，按"Alt+Ctrl+D"组合键羽化刚描绘的"小圆"选区（羽化值大小为"5"左右），前景色为"C：2，M：24，Y：9，K：0"，然后按"Alt+Delete"组合键为选区填色后进行复制（复制方法前面已有说明），调整位置后效果如图 10-157 所示。

图 10-157　羽化

图 10-158　绘制"小圆"

（24）选择"椭圆选框工具"在卡通的衣服上画一小圆，前景色为"C：81，M：36，Y：24，K：1"，然后按"Alt+Delete"组合键为"小圆"选区填色后进行复制（复制方法按前面已有操作即可）；调整位置后用"钢笔工具"画一直线路径，用"画笔描边路径"再删除路径，然后再进行复制，效果如图 10-158 所示。

（25）选择"套索工具"在画面上画一比较随意的形状，前景色为"C：15，M：15，Y：72，K：0"，然后按"Alt+Delete"组合键进行填色，效果如图 10-159 所示。

图 10-159　绘制背景

10.9　综合项目实训 9 —— 制作奶茶吧菜单

［案例说明］

本案例介绍"奶茶吧菜单"的制作。首先利用矩形工具绘制矩形，再使用"横排文字工具"输入文字进行说明，再置入图片素材进行说明，并多次重复此操作进行制作，完成后的效果如图 10-160 所示。扫一扫二维码 10-9，可观看实操演练过程。

图 10-160　"奶茶吧菜单"效果

二维码 10-9

[制作步骤]

（1）按"Ctrl+N"组合键新建文件，设置"宽度"为"380"毫米，"高度"为"285"毫米，"分辨率"为"300"像素 / 英寸，"背景内容"为白色，如图 10-161 所示。

（2）按"Ctrl+R"组合键添加标尺，如图 10-162 所示；选择"视图"菜单→"新建参考线"命令，打开"新建参考线"对话框，在"取向"中选中"垂直"单选按钮，在"位置"处设置为"10 厘米""19 厘米"，如图 10-162 所示。

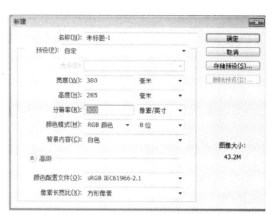

图 10-161　新建

图 10-162　添加标尺

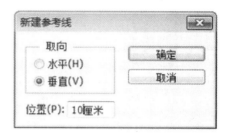

图 10-163　"新建参考线"对话框

（3）选择"视图"→"新建参考线"命令，打开"新建参考线"对话框，在"取向"中选中"水平"单选按钮，在"位置"处设置为"1 厘米""3.5厘米""5.5 厘米""24 厘米""25.5 厘米""26.3厘米"和"27 厘米"，如图 10-164 所示。

（4）选择"矩形选框工具"，在工具属性栏中将"工具模式"设置为"形状"，"填充颜色"RGB的值为"30、25、20"，"描边"设置为"无颜色"，然后在"工作窗口"绘制矩形，如图 10-165 所示。

图 10-164　添加水平参考线

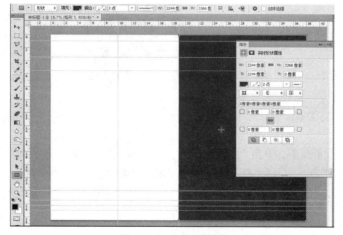

图 10-165　绘制矩形

（5）选择"横排文字工具"，在工具属性栏中"字体"设置为"创艺简老宋"，"大小"设置为"30"，"字体颜色"设置为"白色"，在"工作窗口"中分别输入"呀、吧"，如图 10-166 所示。

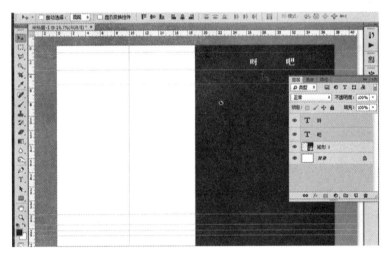

图 10-166　输入文字

（6）选用"横排文字工具"，设置"大小"为"35"，其余不变，在场景中输入"奶茶"。

（7）使用"横排文字工具"，"字体"设置为"华文行楷"，"大小"为"20"，"字体颜色"设置为"白色"；在"工作窗口"中输入"Milk tea"，再将"字体"设置为"Complex"，"大小"设置为"30"，"字体颜色"设置为白色，在场景输入"Y"，如图 10-167 所示。

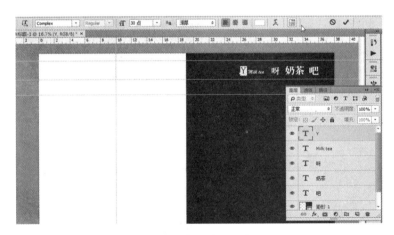

图 10-167　输入文字

（8）在"图层"面板中，单击"创建新组"按钮，并将刚制作的文字图层拖曳到新建组中，双击"新建组"为其重命名为"呀奶茶吧"，如图 10-168 所示。

（9）选用"横排文字工具"，在工具属性栏中将"字体"设置为"方正宋简体"，"大小"设置为"36"，"字体颜色"设置为"白色"，输入"Bubble Tea"，如图 10-169 所示。

图 10-168 添加组

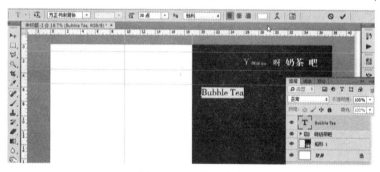

图 10-169 输入文字

（10）使用"横排文字工具"，"字体"设置为"方正粗倩简体"，"大小"设置为"24"，"字体颜色"设置为"R：255，G：255，B：0"，输入"珍珠奶茶"，如图 10-170 所示。

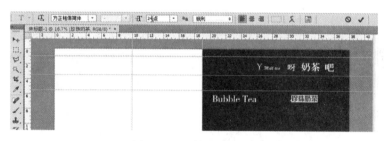

图 10-170 输入文字

（11）选择"文件"→"打开"命令，打开"素材图像 68"文件，将图像拖至场景中，并按"Ctrl+T"组合键，将素材调整到适当大小和位置，如图 10-171 所示。

图 10-171 置入素材

（12）选择"横排文字工具"，"字体"设置为"黑体"，"大小"设置为"14"，"字体颜色"设置为"白色"，输入"桂花奶茶"，如图 10-172 所示。

图 10-172 输入文字

265

（13）选用"横排文字工具"，"字体"设置为"方正仿宋简体"，"大小"设置为"14"，"字体颜色"设置为"R：255，G：255，B：0"，输入文字，如图 10-173 所示。

图 10-173　输入文字

（14）使用"横排文字工具"，"字体"设置为"黑体"，"大小"设置为"14"，"字体颜色"设置为"白色"，输入文字，如图 10-174 所示。

图 10-174　输入文字

（15）使用"横排文字工具"，"字体"设置为"方正书宋简体"，"大小"设置为"10"，"字体颜色"设置为"R：244，G：214，B：32"，输入文字，如图 10-175 所示。

图 10-175　输入文字

（16）使用前面介绍的方法输入其他文字，同时为了方便可以在"图层"面板中创建组，效果如图 10-176 所示。

（17）选择"文件"→"打开"命令，打开"素材图像 69""素材图像 70""素材图像 71"文件，将图像拖至文件中，并按"Ctrl+T"组合键将素材调整到适当大小和位置，如图 10-177 所示。

图 10-176　创建组

图 10-177　置入素材

（18）选择"矩形工具"，在场景中绘制三个矩形，其自上而下的 RGB 值分别为"248、233、166"，"43、41、79"和"255、255、255"，如图 10-178 所示。

（19）选择"横排文字工具"，"字体"设置为"黑体"，"大小"设置为"15"，"字体颜色"设置为"白色"，输入文字，如图 10-179 所示。

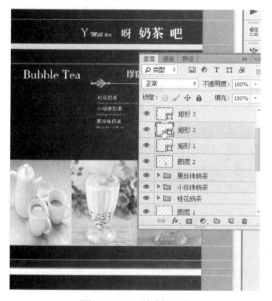

图 10-178　绘制矩形

图 10-179　输入文字

（20）在"图层"面板中"新建组"，并重命名为"珍珠奶茶"，然后将奶茶组及"图层 1"放置在"珍珠奶茶"组中，如图 10-180 所示。

（21）选择"矩形工具"，在工具属性栏中将"工具模式"设置为"形状"，将"填充"设置为"R：33，G：23，B：17"，绘制矩形，如图 10-181 所示。

（22）选用"矩形工具"，将"填充"设置为"R：252，G：246，B：225"，在场景中进行绘制，如图 10-182 所示。

图 10-180　添加组

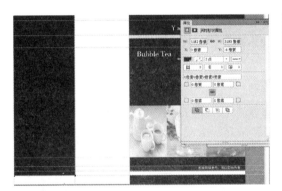

图 10-181　绘制矩形

图 10-182　绘制矩形

（23）在"图层"面板中，将"珍珠奶茶"组进行拷贝，并重新命名"水果奶茶"，且将内容进行重新制作，如图 10-183 所示。

（24）选择"文件"→"打开"命令，打开"素材图像 72"文件，将图像拖入文件中，并按"Ctrl+T"组合键将素材调整到适当大小和位置，如图 10-184 所示。

（25）在"图层"面板中，确认"图层 5"处于选中状态，将其"混合模式"设置为线性加深。

（26）选择"矩形工具"，在场景中绘制一个矩形；选择"矩形工具"，其填充色设置为"R：189，G：171，B：8"，绘制一个矩形，如图 10-185 所示。

（27）选择"文件"→"打开"命令，打开"素材图像 73"文件，将图像拖至场景中，

图 10-183　输入文字　　图 10-184　置入素材

并按"Ctrl+T"组合键将素材调整到适当大小和位置,如图 10-186 所示。

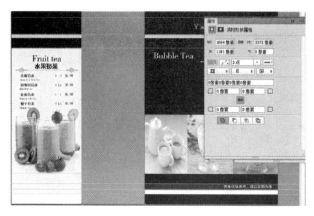

图 10-185 绘制矩形

图 10-186 置入素材

(28)在"图层"面板中选择"图层 6"并为其添加"蒙版";选择"渐变工具",在工具属性栏中选择"由黑到白",并在文件中由下到上拖动鼠标,如图 10-187 所示。

(29)使用"横排文字工具",输入文字,如图 10-188 所示。

图 10-187 添加蒙版

图 10-188 输入文字

(30)选择"矩形工具",在文件中绘制矩形,如图 10-189 所示。

图 10-189 绘制矩形

（31）最后，在"图层"面板中，将图层组"呀奶茶吧"复制得到"呀奶茶吧拷贝"，并移动适当的位置，如图 10-190 所示。

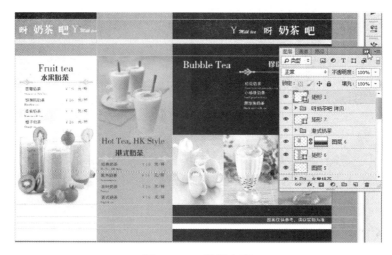

图 10-190 设置文字

10.10 综合项目实训 10 —— 包装效果图

［案例说明］

本案例包装课堂练习是袋式包装，它的平面展开图制作相对而言比较简单，大多数为矩形，而其效果图制作比较复杂，它的变化不但受到包装材料折叠关系的影响，而且随意性大，在表现效果图时，一定要耐心、仔细地去表现其细节，同时也要注意整体效果的把握。下面我们大家一起来学习使用 Photoshop CC 制作袋式包装设计效果图的具体方法，及在制作过程中一般用到哪些工具和命令。制作的效果如图 10-191 所示。扫一扫二维码 10-10，可观看实操演练过程。

图 10-191 包装效果图   二维码 10-10

［制作步骤］

（1）按"Ctrl+N"组合键新建文件，在弹出对话框中设置如图 10-192 所示，点按"确定"后创建新文件。

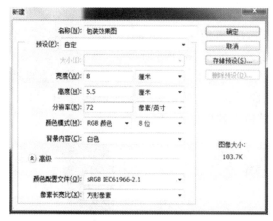

图 10-192 新建文件

（2）设置前景色为"C：93，M：87，Y：50，K：67"，背景色为"C：39，M：0，Y：8，K：0"；选择"渐变工具" ，点击"渐变工具"的属性栏中渐变设置按钮 ，在弹出对话框中选择"前景到背景"，如图 10-193 所示；然后在文件中从左下角往右上角拉出渐变色，效果如图 10-194 所示。

图 10-193 "渐变工具"设置   图 10-194 "渐变"效果

（3）选用"钢笔工具" 描绘一包装形状，并用"直接选择工具" 调整弧度（注意节点的编辑），如图 10-195 所示。

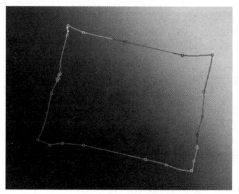

图 10-195 绘制路径   图 10-196 填充白色

（4）点按"图层"面板右下方的"创建新图层"按钮 ，新图层命名为"图层1"；在"路径"面板上点按"将路径作为选区载入"按钮 ，将路径转换为选区；设置前景色为"白色"，按"Alt+Delete"组合键填色，如图10-196所示。

（5）新建"图层2"，用"钢笔工具" 描绘形状，并用"直接选择工具" 调整弧度（注意节点的编辑），然后将路径转换为选区，设置前景色为"C：17，M：0，Y：99，K：0"，按"Alt+Delete"组合键填色，效果如图10-197所示。

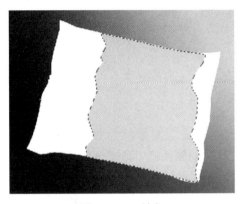

图10-197 填色

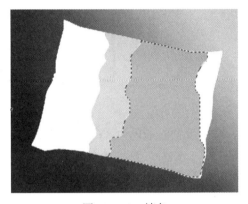

图10-198 填色

（6）新建"图层3"，用"钢笔工具" 描绘形状，并用"直接选择工具" 调整弧度（注意节点的编辑），然后将路径转换为选区，设置前景色为"C：48，M：0，Y：99，K：0"，按"Alt+Delete"填色，效果如图10-198所示。

（7）新建"图层4"，用"钢笔工具" 描绘形状，并转换为选区，设置前景色为"C：93，M：32，Y：100，K：22"，按"Alt+Delete"组合键填色，如图10-199所示。

（8）点按"背景"图层的眼睛按钮 隐藏背景层，然后点按"图层"面板右上角的三角形

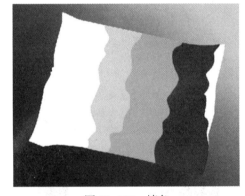

图10-199 填色

，在弹出菜单中选中"合并可见图层"命令，合并"背景层"以外的所有图层，如图10-200所示。

图10-200 合并可见图层

（9）选用"钢笔工具" ✏ 描绘形状，并转换为选区，选取"选择"→"羽化"命令，在弹出的"羽化"对话框中设置选项"羽化半径"为"5"左右；设置前景色为"灰色"，选择工具箱中的"画笔工具" ✏，画笔压力设为"50%"左右（根据需要调整大小），选择适当大小的笔刷（"50"左右）进行涂抹，如图 10-201 所示。

（10）选用"钢笔工具"描绘形状，转换为选区后进行羽化，设置前景色为"灰色"，选择"画笔工具"进行涂抹，在一些地方可用"加深"和"减淡"工具调整明暗，效果如图 10-202 所示。

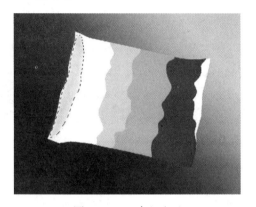

图 10-201 建立选区

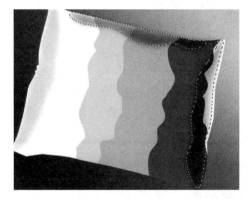

图 10-202 填色

（11）继续用"钢笔工具"描绘形状，转换为选区后进行羽化，设置前景色为"灰色"，选择"画笔工具"进行涂抹，在一些地方可用"加深"和"减淡"工具调整明暗，效果如图 10-203 所示。

（12）点按"Ctrl+D"组合键，取消选区，用"加深""海绵""减淡"及"模糊"等工具根据需要进行调整，效果如图 10-204 所示。

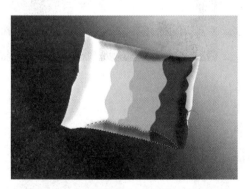

图 10-203 填色

图 10-204 效果调整

（13）打开文件"素材图像 74"，效果如图 10-205 所示。

（14）使用"移动工具" ➤ 将"素材"文件夹中的葡萄拖至刚才操作的文件中，适当删减、调整大小、旋转等，并将"图层混合模式"改为"正片叠底"，效果如图 10-206 所示。

（15）将前景色设置为"白色"，选择"文字工具"输入文字"葡萄"，字体为"广告体"（如果没有安装字体，可选用"黑体"，然后变形），根据需要设置"文字大小"，按住 Ctrl 键同时点击文字层为文字层建立选区，在"图层"控制面板中将文字层拖入"图层"

面板最下方的"删除图层" 🗑 按钮删除文字，将选区转换为路径然后并调整好形状；新建"图层 2"，按"Alt+Delete"组合键填充白色，给文字制作立体效果，然后选择"编辑"→"变换"→"透视"命令对其进行透视变形，效果如图 10-207 所示。

图 10-205　素材图片

图 10-206　拖入素材图片

图 10-207　输入文字

图 10-208　绘制图形

（16）设置前景色为"C：93，M：32，Y：100，K：22"，选用"钢笔工具"描绘形状，转换为选区后按"Alt+Delete"组合键填色，如图 10-208 所示。

（17）选择"文字工具"，字体设置为"黑体"，根据需要设置"文字大小"，输入文字"最新上市"，并点按"Ctrl+T"组合键旋转文字，如图 10-209 所示。

（18）点按"文字工具"属性栏上的"创建变形文本"符号，在弹出的"变形文字"对话框中进行选项设置，如图 10-210 所示。

（19）点按"确定"后，所得效果如图 10-211 所示。

图 10-209　输入文字

图 10-210　"变形文字"对话框

图 10-211　完成效果